基于翻转课堂的大学数学教学研究与实践

陈　莉　姚　莎　任新安　著

中国矿业大学出版社
·徐州·

内 容 提 要

翻转课堂是近些年发展起来的一种新的教学模式。本书的第一章总结了部分翻转课堂理论，并融入作者在大学数学课程中对翻转课堂教学模式的理解。第二章至第四章分别提供了大学数学的课程——线性代数、概率论与数理统计和高等数学中翻转课堂的若干案例。

本书可供高等学校教育学专业的教师和学生使用，也作为高等学校工科专业大学数学的参考书。

图书在版编目(CIP)数据

基于翻转课堂的大学数学教学研究与实践/陈莉，姚莎，任新安著. —徐州：中国矿业大学出版社，2024.4

ISBN 978-7-5646-4870-1

Ⅰ. ①基… Ⅱ. ①陈… ②姚… ③任… Ⅲ. ①高等数学—课堂教学—教学研究—高等学校 Ⅳ. ①O13

中国国家版本馆CIP数据核字(2023)第248678号

书　　名 基于翻转课堂的大学数学教学研究与实践
著　　者 陈　莉　姚　莎　任新安
责任编辑 张　岩
出版发行 中国矿业大学出版社有限责任公司
（江苏省徐州市解放南路　邮编221008）
营销热线 (0516)83885370　83884103
出版服务 (0516)83995789　83884920
网　　址 http://www.cumtp.com　**E-mail**:cumtpvip@cumtp.com
印　　刷 徐州中矿大印发科技有限公司
开　　本 787 mm×1092 mm　1/16　**印张** 8.5　**字数** 164千字
版次印次 2024年4月第1版　2024年4月第1次印刷
定　　价 32.80元

前　言

翻转课堂译自“Flipped Classroom”，是近些年发展起来的一种新的教学模式.该教学模式重新调整课堂内外的时间，将学习的主动权从教师转移给学生.在这种教学模式下，学生在课堂教学之前通过观看老师事先录制好的教学视频提前进行内容的学习，并且利用检测题检测学习的效果，而教师在课堂上重点讲解易错的知识点和难点，并组织学生进行有效的讨论，使学生对知识点的学习更加深入.翻转课堂实质上是将传统课堂的课前预习—课堂认真听讲—课后复习的教学模式进一步发扬光大，将课前预习转变为观看教学视频并进行课前检测，这样就掌握了大部分的内容，然后课堂上教师只需要对易错点和难点进行重点讲解，这样学生的学习就会更加深入.课后复习这一阶段要求则是相差不大，都是复习之后做练习加以巩固和提高.因此翻转课堂是对传统课堂的发扬光大.

由于信息技术的发展，目前网上已经出现了各种各样的教学视频，教师只需要选择一些适合的视频让学生提前观看就可以了，因此教师要为学生准备课堂内容的要点、课前检测题、课堂练习题以及课后的检测题.本书的第一作者所在的中国矿业大学自2020年起就在大学数学的三门课程高等数学、线性代数、概率论与数理统计中引入了自主学习的内容，但是这些内容主要靠学生进行一些视频学习，没有合适的配套教学案例.本书的第一作者就针对这些自主学习的内容编写了一些配套的教学案例，本书的后三章内容就是对这些教学案例进行修改、扩充而成的.

本书分为四章，第一章主要是对翻转课堂进行简单的介绍.第二章至第四章分别是线性代数、概率论与数理统计和高等数学中翻转课堂的若干教学案例.这些案例很多是作者在翻转课堂的教学实践中应用过并有很好效果的,因此给出这些案例希望能够起到抛砖引玉的效果.本书的第一章、第二章、第三章以及第四章的前六节共10万余字由陈莉完成,第四章第七节至第二十节共5万余字由姚莎完成.全书由任新安统稿.

本书作者从事大学数学教学多年,对于大学数学的教学有一些个人的思考和见解,这些见解有些是肤浅的、有待商榷的,恳请读者批评指正.

著者

2023年5月于徐州

目 录

第一章　翻转课堂概述

第一节　传统教学模式的困境

传统课堂的教学理论起源于夸美纽斯，形成于赫尔巴特，发展于凯洛夫. 为满足工业现代化对人才的批量需求，传统课堂采用大班制教学，注重知识理论的传授. 教师面对认知水平各异的学生采取同等深度的教学，忽视了学生学习过程中的差异性，这使得教师和学生都遭遇了一些困境.

一、传统教学模式

传统教学模式下，教师的困境主要表现在以下几个方面：

（1）教学内容单一

传统教学模式下，教师往往只能按照教材和教学计划进行授课，无法充分拓展和延伸教学内容. 这种单一的教学内容不仅会限制教师的发挥空间，也会让学生感到枯燥乏味，影响他们的学习效果和兴趣.

（2）教学方法陈旧

传统教学模式下，教师往往采用“填鸭式”的教学方法，将知识灌输给学生，而忽视了学生在学习中的主体性和参与性. 这种陈旧的教学方法不仅会让学生失去学习的动力和热情，也会让教师感到疲惫和挫败.

（3）缺乏个性化教学

传统教学模式下，教师往往难以针对学生的个性化需求和问题进行指导，只能采用统一的教学方式和进度. 这种缺乏个性化教学的方式会导致部分学生无法跟上教学进度或者无法充分发展自己的潜力.

(4) 难以评估学生的学习效果

传统教学模式下,教师往往只能通过考试成绩来评估学生的学习效果.这种单一的评价方式无法全面反映学生的综合素质和学习过程,也会让教师难以针对每个学生的不同情况进行有针对性的指导.

(5) 职业发展受限

传统教学模式下,教师往往缺乏职业发展的机会和支持,难以获得专业成长和提升.这不仅会影响教师的职业发展,也会限制学校和教育部门的整体发展和教育质量的提升.

(6) 缺乏有效的教学资源

传统教学模式下,教师往往只能依靠简单的教具和教材进行教学,无法充分利用现代技术提高教学效果和质量.这不仅会影响学生的学习体验,也会让教师的教学能力和效果受到限制.

(7) 无法及时获取学生反馈

传统教学模式下,教师往往无法及时获取学生的反馈和意见,无法针对性地调整教学方法和策略.这不仅会影响学生的学习效果,也会让教师失去和学生互动和沟通的机会,影响他们的教学能力提高和职业素养成长.

(8) 无法培养学生的综合能力

传统教学模式下,教师往往只关注学生的知识掌握情况,而忽视了对学生综合能力如创新能力、批判性思维能力的培养.这不仅会影响学生的未来发展,也会让教师的教学目标和理念受到限制.

(9) 工作压力过大

传统教学模式下,教师往往需要承担较大的工作压力,包括备课、授课、批改作业、组织考试等.这种高强度的工作压力不仅会影响教师的教学效果和质量,也会对他们的身心健康产生负面影响.

(10) 缺乏与学生的有效沟通

传统教学模式下,教师往往只能在课间几分钟与学生进行沟通和交流,无法及时反馈学生的学习情况和问题.这不仅会影响教师教学,也会影响学生的学习和发展.

综上所述,传统教学模式下教师的困境主要体现在教学内容单一、教学方法陈旧、缺乏个性化教学、难以评估学生的学习效果、职业发展受限、缺乏有效的教学资源、无法及时获取学生反馈、无法培养学生的综合能力、工作压力过大以及缺乏与家长的有效沟通等方面.为了解决这些困境,教师需要积极探索和创新教学方法、教学模式,提高自身的专业素养和能力,同时学校和教育部门也应该提供更多的支持和保障措施,促进教师的职业发展和教育质量的提升.

二、学生的困境

学生的困境主要表现在以下几个方面：

(1) 学习方式单一

传统教学模式以教师为中心，学生往往只能被动地接受教师传递的知识和信息. 这种单一的学习方式不仅会让学生感到枯燥乏味，还可能抑制他们的主动性和创造力.

(2) 缺乏自主学习机会

传统教学模式下，学生往往没有足够的自主学习机会. 教师往往只注重知识的传授，而忽视了学生独立思考和自主学习的能力培养. 这使得学生难以养成独立解决问题的能力，也限制了他们的学习效果和成长空间.

(3) 难以发挥个性特长

传统教学模式下，学生往往需要适应统一的教学方式和进度，无法充分发挥自己的个性特长. 这种模式忽略了每个学生的兴趣、优势和潜能，导致他们在学习中难以体验到成就感和满足感.

(4) 创造力受到抑制

传统教学模式往往注重知识的记忆和应试技巧的训练，而忽视了学生创造力的培养. 这种模式会抑制学生的想象力和创造力，使他们难以适应未来社会的发展需求.

(5) 缺乏团队合作能力

传统教学模式下，学生往往只关注自己的学习进度和成绩，而忽视了团队合作的重要性. 这使得学生难以培养团队合作的能力和意识，也影响了他们在未来社会中的适应和发展.

(6) 学习兴趣和动力不足

传统教学模式下，学生往往缺乏学习的兴趣和动力. 这种模式忽视了学生的学习需求和兴趣爱好，导致他们在学习中缺乏积极性和主动性. 长此以往，学生的学习效果会受到影响，也可能会产生厌学情绪.

(7) 评价体系不完善

传统教学模式下，学生的评价通常以考试成绩为主，这种单一的评价方式无法全面反映学生的综合素质和学习过程. 这种评价体系会让学生过于关注分数和应试技巧，而忽视了自身能力和素质的提升.

(8) 缺乏学习技巧和方法

传统教学模式下，学生往往缺乏有效的学习技巧和方法. 教师往往只注重知识的传授，而忽视了对学生学习方法和技巧的培养和指导. 这使得学生在学习中难以找到适合自己的方法和策略,也影响了他们的学习效果和效率.

(9) 时间分配不合理

传统教学模式下,学生往往缺乏合理的时间分配意识和方法.他们在学习中可能会花费过多的时间和精力在某些科目或任务上,而忽视了其他重要的事情.这种不合理的时间分配会导致学生的生活和学习失去平衡,也影响了他们的身心健康和学习效果.

(10) 缺乏未来发展意识

传统教学模式下,学生往往缺乏对未来的规划和发展的意识.他们只关注当前的学习任务和考试成绩,而忽视了自身未来发展的方向和目标.这使得学生在未来社会中可能面临适应和发展的问题,也影响了他们的人生质量和成就.

综上所述,传统教学模式下学生的困境主要体现在学习方式单一、缺乏自主学习机会、难以发挥个性特长、创造力受到抑制、缺乏团队合作能力、学习兴趣和动力不足、评价体系不完善、缺乏学习技巧和方法、时间分配不合理以及缺乏未来发展意识等方面.为了解决这些困境,学生需要积极探索新的学习方式和策略,培养自主学习的能力和意识,发挥自己的优势和潜能,同时学校和教育部门也应该提供更多的支持和保障措施,促进学生的全面发展和社会适应能力提升.

第二节　翻转课堂的起源与发展

一、翻转课堂的起源

翻转课堂起源于美国科罗拉多州落基山的“林地公园”高中.在2007年春,该校化学教师乔纳森·伯尔曼(Jon Bergmann)和亚伦·萨姆斯(Aaron Sams)开始使用录屏软件录制Power Point演示文稿的播放和讲课声音,并将视频上传到网络,以此帮助缺席的学生补课.这种教学方式很快引起了其他学生的兴趣,并逐渐发展成为一种新的教学模式.两位教师让学生在家中通过观看教学视频进行自主学习,而在课堂上完成作业或进行实验,并在教师的指导下解决学习中遇到的问题.这种方式与传统教学模式相比较,更加灵活和高效,能够更好地满足学生的学习需求和提高教学效果.

随着互联网技术的不断发展和普及,翻转课堂逐渐传播到全球范围.2011年,萨尔曼·可汗(Salman Khan)在TED大会上提出了“让我们用视频重塑教育”的口号,并分享了他在You Tube上发布的数学教学视频.这一行动引起了全球范围内的关注和响应,许多教育工作者开始尝试制作教学视频并将其发布在互联网上,以供学生自主学习.同时,一些教育机构也开始推广翻转课堂这种新型的教育模式,以促进教育的改革和创新.

从 2011 年开始,国内很多学校也对翻转课堂也进行了一些尝试和探索.最早进行尝试的是重庆市聚奎中学,随后又有深圳南山实验学校、南京九龙中学、广州市第五中学等多所学校实施翻转课堂教学.现在很多高校也对翻转课堂进行了有益的探索和尝试,已经出版了若干课程在实施翻转课堂过程中总结经验而形成的专著.此外,关于翻转课堂的教学论文也呈现井喷式的增长,以"翻转课堂"为主题在中国知网进行搜索显示的内容如下(见表 1-1).

表 1-1　以"翻转课堂"为主题的论文搜索结果　　单位:篇

期刊论文	博士学位论文	硕士学位论文
4.18 万	74	4 390

从上表中可以看出对于翻转课堂的研究如火如荼,方兴未艾.另外,从学科的分布来看,主要分布在如下学科中(见表 1-2).

表 1-2　以"翻转课堂"为主题的论文学科分析　　单位:篇

外国语言文字	中等教育	职业教育	医学教育	体育	中国语言文字	数学	计算机硬件
1.35 万	1.45	5 038	6 010	1 529	1 081	1 082	1 761

下面来看这些论文发表的时间分布(见图 1-1).

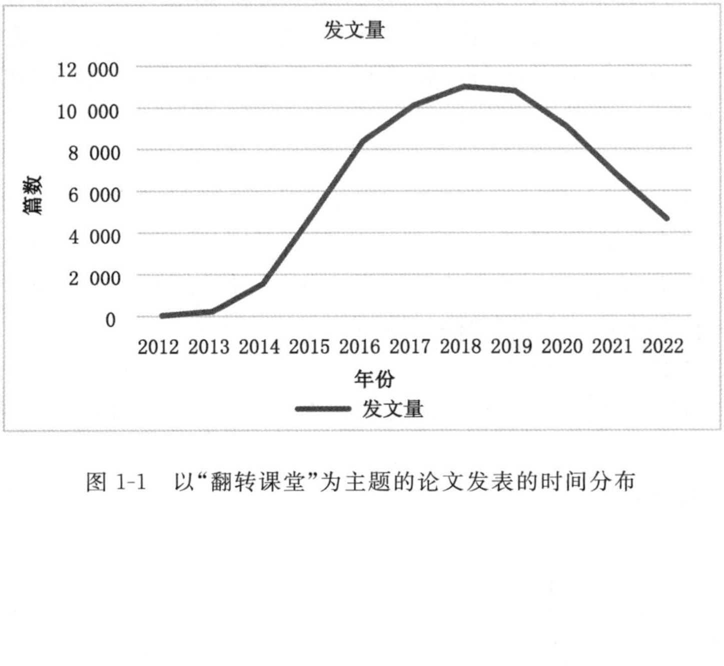

图 1-1　以"翻转课堂"为主题的论文发表的时间分布

从发文量可以看出，研究论文发表的高峰期是2017—2019年这三年，每年的发文量都超过了1万篇，随后发文量开始下滑，一方面是对翻转课堂的研究比较充分了，另一方面是翻转课堂的不足之处也被慢慢发现，这些不足之处开始制约了翻转课堂的发展和推广，因此如何规避这些不足之处是后面要研究的问题.

第三节　翻转课堂的教学模式分析

一、引言

随着信息技术的快速发展和全球教学改革的推进，传统的教学模式已经面临着一系列的困境和挑战.翻转课堂作为一种创新型的教育模式，通过重新调整课堂内外的时间和任务分配，实现了学生自主学习和个性化学习的目标.这种教学模式已经逐渐在全球范围内得到推广和应用.本节主要分析翻转课堂的教学模式.

二、翻转课堂的概念与特点

1. 翻转课堂的概念

翻转课堂，也称为反转课堂或颠倒课堂，是一种教学方法，它将传统课堂的课堂讲授知识这一过程翻转到课堂教学之前，即通过观看老师事先录制好的教学视频提前进行内容的学习，而在课堂上通过对学生的测试检查学习效果，并重点讲解易错的知识点和难点，并组织学生进行有效的讨论，使学生对知识点的学习更加深入.因此翻转课堂调整课堂内外的时间和任务分配，将学习的决定权从教师转移给学生，所以这种教学方法是以学生为中心的.

2. 翻转课堂的特点

翻转课堂的特点主要体现在以下几个方面：

(1) 学生自主学习

翻转课堂强调学生的自主学习能力，学生在课前通过观看视频、阅读教材等手段进行预习，自主学习决定了学习的进度和深度.

(2) 个性化教学

翻转课堂能够根据学生的不同需求和学习特点进行个性化教学，满足学生的个性化需求.

(3) 互动性增强

翻转课堂通过课堂上的讨论和实践活动，增强了师生之间、学生之间的互动性，有助于提高学生的批判性思维和实践能力.

（4）教学视频化

翻转课堂的教学内容通常以视频的形式呈现，具有生动、形象的特点，能够激发学生的学习兴趣.

三、翻转课堂的实践应用

1. 教学实践

许多学校已经开始尝试翻转课堂的教学模式. 例如，在数学课程中，学生在课堂外通过观看教学视频进行预习，然后在课堂上进行小组讨论和问题解答. 这不仅提高了学生的学习效率，还培养了学生的合作精神和沟通能力.

2. 评估与反馈

在翻转课堂中，评估和反馈机制也得到了相应的调整. 学生的预习情况、课堂参与度、小组讨论表现等都成为评估的重要指标. 同时，学生和教师也可以通过反馈机制及时了解学习进展和教学效果，以便做出相应的调整.

3. 成效评估

在实践应用中，翻转课堂已经在很大程度上提高了学生的学习效果和学习能力. 据相关研究表明，翻转课堂的学生在学习成绩、学习满意度、批判性思维等方面都表现出明显的优势. 同时，教师也反馈说，翻转课堂使他们在教学中更具挑战性和创新性.

四、翻转课堂对传统课堂的改变

翻转课堂是一种新型的教学模式，它通过调整教学流程和方式，改变了传统教学中以教师为中心、学生被动接受知识的局面，从而弥补了传统教学的缺陷. 以下是翻转课堂弥补传统教学缺陷的具体表现.

1. 翻转课堂使学生成为学习的主体

在传统教学中，学生往往处于被动接受知识的地位，无法充分发挥主体作用. 翻转课堂改变了这一状况，将学习的主动权交给了学生. 学生在课前通过观看教学视频、阅读教材和相关资料，自主完成知识的学习和预习. 课堂上，教师不再花费大量时间讲解知识点，而是引导学生进行讨论、交流和问题解答，使学生成为学习的主体. 这种教学方式有助于激发学生的学习兴趣和主动性，培养他们的自主学习能力和独立思考能力.

2. 翻转课堂促进个性化教学

传统教学中，教师往往难以针对每个学生的不同需求和问题进行个性化教学. 翻转课堂通过学生在课前预习时提出的问题和难点，以及课堂上与教师的互动交流，使教师能够更好地了解每个学生的学习情况和需求.教师可以根据学生的不同特点和学习风格,进行有针对性的指导和教学,促进学生的个性化发展.

3. 翻转课堂提高教学效果

翻转课堂通过调整教学流程和方式,使学生成为学习的主体,促进个性化教学.这些措施有助于提高教学效果.学生在课前预习中已经对知识点有了初步了解,课堂上教师可以通过引导学生进行讨论、交流和问题解答,加深学生对知识的理解和掌握.同时,翻转课堂注重培养学生的自主学习能力和独立思考能力,有助于培养学生的创新精神和实践能力.这些能力对于学生的未来发展具有重要意义.

4. 翻转课堂增强师生互动

传统教学中,师生之间的互动交流往往较少.翻转课堂通过将学习过程分为课前预习和课堂互动两个阶段,为师生之间提供了更多的互动机会.学生在课前预习中遇到的问题可以通过网络平台与教师进行沟通和交流,教师可以及时解答学生的疑问并提供指导和建议.课堂上,教师也可以根据学生的实际情况进行有针对性的教学和指导,增强师生之间的互动和交流.这种教学方式有助于激发学生的学习兴趣和学习动力,同时也有助于提高教师的教学效果和教学质量.

5. 翻转课堂促进教师专业发展

翻转课堂对于教师的专业发展也具有积极的作用.教师在翻转课堂中扮演着组织者、引导者和合作者的角色,需要具备更高的专业素养和能力.通过制作教学视频、制定教学目标、设计教学方案、引导学生进行讨论和交流等过程,教师可以不断提升自己的教学水平和专业能力.同时,翻转课堂也需要教师具备更高的信息技术能力和创新能力,有助于促进教师的专业发展和综合素质的提升.

综上所述,翻转课堂通过调整教学流程和方式,在使学生成为学习的主体、促进个性化教学、提高教学效果、增强师生互动以及促进教师专业发展等方面弥补了传统教学的缺陷.然而,翻转课堂也存在一些问题,如需要更多的时间和精力投入制作教学视频、需要具备更高的信息技术能力和创新能力等.未来我们需要进一步研究和探讨如何优化翻转课堂的教学设计和实施策略,更好地发挥其优势和潜力为教育事业服务.

第四节　从当代教学观的角度看翻转课堂

教学观是指人们对教学活动的根本看法.随着教育教学改革的深入、新的教学思想的出现,人们的教学观也发生了很多的变化,可以看到翻转课堂恰恰契合了这些变化.

一、从重视教师向重视学生转变

在传统的教学中,教师的权威是毋庸置疑的,教师掌握着教学的全部话语权,完全把教学控制在自己的设计中.学生为知识被动的学习者,没有自主权.但是随着教学研究的深入,新的教学观发现,学习很大程度上是学生本人对知识的建构过程,因此学生是学习的主体,而教师只是知识学习的引导者.让学生真正成为学习的主宰者已是当下主流的教学观,教学正日益从重视教师向重视学生转变.从翻转课堂教学模式的分析可以看出,翻转课堂的教学方法主体在于学生自己,教师的教学活动是完全建立在学生自主学习的基础上的,因此翻转课堂在教学主体上完全实现了从教师向学生的转变.

二、从重视知识传授向重视能力培养转变

书本知识的传授曾经是课堂教学的主要目标.长期以来,人们认为传授的知识越多,学生的成才率就越高.但是,一方面,许多高分低能的学生的出现,使得人们开始反思,这样的教学目标是否合理.另一方面,随着信息时代知识的大爆炸,人们意识到需要学习的知识越来越多.这样人们就很难通过学校学习掌握所有的知识.因此,学习的能力显得尤为重要.教学的主要任务开始从知识传授向能力培养转变.翻转课堂的自主学习部分充分地锻炼了学生的自主学习能力,因此符合教学观的这个转变.

三、从重视教法向重视学法转变

教师作为教学活动的组织者和引导者,对教学有重要的影响.因此,如何在教学中科学施教就显得尤为重要,对教法的研究也是极有价值的工作.但是,学习的最终目的是学生的成长,教学的本质是学生主动学习的过程,单纯的教法研究无疑有舍本逐末之嫌.对教法的研究,最终还要落实到对学法的研究上,因此,对学法的重视日益成为教学的主动选择.翻转课堂就是一种合适的学法,因此提供了一种有效的选择.

四、从重视结果向重视过程转变

传统的教学观重视教学的结果,往往以学生掌握知识的多少以及认知程度作为评价教学质量的标准.而在当代教育中,一味地强调结果并不科学,良好的结果来自科学的过程,重视过程比重视结果更能体现教育的本质.因此,当代教学观强调启发式教学,力求调动学生的学习积极性,反对“填鸭式”和“满堂灌”,让学生体会到学习的乐趣,从而对学习产生兴趣,产生自身的驱动力.翻转课堂强调学生的主体地位,强调学生的自主学习过程,在这些过程中掌握知识、增强信心,激发学习的兴趣.

五、从重视传承向重视创新转变

文化传承确实是教学的重要任务，没有传承人类的文化将会湮灭. 但是仅仅传承满足不了人类的发展和进步，因此教学必须在传承的基础上肩负起另外一个任务——创新. 创新是社会进步的灵魂，当代教学必须以培养学生的创新思想作为首要目标. 翻转课堂在这方面也是有所贡献，学生在学习了基础知识之后在课堂上主要以讨论和深入学习为主，这一阶段的学习主要的目的就是要学生有所创新，有所发现.

第五节　从心理学的角度看翻转课堂

翻转课堂是一种创新的教育模式，它通过调整教学流程和方式，改变了传统教学中以教师为中心、学生被动接受知识的局面，从而弥补了传统教学的缺陷. 从心理学的角度来看，翻转课堂符合学生的认知心理和情感心理，能够激发学生的学习兴趣和主动性，提高学生的学习效果和自信心.

一、翻转课堂符合学生的认知心理

学生的认知过程是一个复杂的心理活动，它包括感觉、知觉、记忆、想象和思维等. 翻转课堂通过提供丰富多样的学习资源，如视频、音频、图像等，刺激学生的感官，提高学生的感知能力. 同时，翻转课堂还通过引导学生进行自主探究和合作学习，培养学生的思维能力和创造力. 这种教学方式符合学生的认知规律，能够提高学生的学习效果和认知能力.

二、翻转课堂能够激发学生的学习兴趣和主动性

学习兴趣是学生学习的重要动力之一. 翻转课堂通过将学习过程变得更加生动、有趣和个性化，激发学生的学习兴趣和主动性. 在翻转课堂中，学生可以根据自己的兴趣和需求选择学习资源，掌握学习的自主权. 同时，翻转课堂还通过设置问题、任务和挑战等方式，引导学生主动探究和学习，培养学生的自主学习能力和独立思考能力. 这种教学方式能够提高学生的学习兴趣和学习效果，同时也有助于培养学生的创新精神和实践能力.

三、翻转课堂能够提高学生的学习自信心

学习自信心是学生学习的重要因素之一. 翻转课堂通过让学生成为学习的主体，掌握学习的自主权，能够提高学生的学习自信心. 在翻转课堂中，学生可以通过自主探究和合作学习等方式，掌握知识、技能和能力，获得自我肯定和成就感. 同时，翻转课堂还通过设置多元化的评价方式，关注学生的个性差异和学习过程，帮助学生认识自己的优点和不足，提高学生的学习自信心和自我认知能力.

四、翻转课堂能够促进学生的情感发展

情感发展是学生学习的重要方面之一. 翻转课堂通过师生之间、学生之间的互动与合作，促进学生的情感发展. 在翻转课堂中，学生可以通过互动与合作，建立良好的人际关系，培养合作精神和沟通能力. 同时，翻转课堂还通过关注学生的情感需求和学习过程，帮助学生建立良好的自我概念和情感调节能力，促进学生的情感发展和身心健康.

五、总结

从心理学的角度来看，翻转课堂符合学生的认知心理和情感心理，能够激发学生的学习兴趣和主动性，提高学生的学习效果和自信心. 同时，翻转课堂还能够促进学生的情感发展，帮助学生建立良好的自我概念和情感调节能力.

第六节　从认知规律的角度看翻转课堂

翻转课堂作为一种新型的教育模式，其理论基础和实践应用都与人类认知规律有着密切的联系. 从人类认知规律的角度来看，翻转课堂具有以下特点：

一、符合人类认知规律

翻转课堂将知识的传授过程放在课前，而将知识的内化和拓展过程放在课堂上，这种教学方式更符合人类的认知规律. 人类认知过程通常包括感觉、知觉、记忆、想象、思维和语言等心理活动. 在翻转课堂中，学生首先通过观看教学视频等方式对新知识进行感知和知觉，然后通过记忆和想象等心理活动对知识进行加工和处理，最后通过课堂上的讨论和交流等活动对知识进行思维和语言等深层次的认知加工. 这种

教学方式符合人类认知规律，有助于提高学生的学习效果和学习质量.

二、促进知识建构

翻转课堂注重学生的自主学习和独立思考，这种教学方式有利于促进学生对知识的建构.在课前预习阶段，学生需要根据自己的学习风格和兴趣进行自主学习，通过观看教学视频、阅读教材和相关资料，对新知识进行初步了解和掌握.这种自主学习的过程可以帮助学生建立起对新知识的初步认知，为课堂上的知识内化和拓展打下基础.而在课堂上，教师可以通过引导学生开展讨论、交流和问题解答等活动，帮助学生将所学知识进行实际应用和拓展.这种教学方式可以促进学生对知识的深入理解和实际应用，提高他们的学习效果和学习质量.

三、优化学习时间分配

翻转课堂通过重新调整教学流程，将知识传授的过程放在课前，而课堂时间主要用于知识内化和拓展，这种方式有利于优化学习时间分配.在课前预习阶段，学生可以根据自己的学习进度和时间安排进行学习，对于难以理解的知识点可以进行反复学习和思考.而在课堂上，教师可以通过引导学生进行讨论、交流和问题解答等活动，帮助学生将所学知识进行实际应用和拓展.这种教学方式可以节省课堂时间，让学生在有限的时间内掌握更多的知识，提高他们的学习效率和学习效果.

四、培养自主学习能力

翻转课堂注重培养学生的自主学习能力和独立思考能力.在课前预习阶段，学生需要具备一定的自我约束和自我管理能力，才能完成学习任务.而在课堂上，教师可以通过引导学生进行问题解决、项目设计等活动形式，培养学生的创新思维和实践能力.这种教学方式有利于学生的自我发展和未来适应能力的提高.同时也有利于减少学生的焦虑情绪和提高他们的学习积极性和参与度.

五、总结

从人类认知规律的角度来看，翻转课堂符合人类的认知规律，在促进知识的建构和优化学习时间分配等方面具有很大的优势和发展潜力，为教育事业的发展带来了新的机遇和挑战.未来我们需要进一步研究和探讨如何优化翻转课堂的教学设计和实施策略，更好地发挥其优势和潜力为教育事业服务.

第七节　从构建深度知识课堂的角度看翻转课堂

从构建深度知识课堂的角度来看，翻转课堂是一种创新的教育模式，它通过重新调整教学流程和方式，将知识的传授过程放在课前，而将知识的内化和拓展过程放在课堂上，有利于构建深度知识课堂.

一、深度知识课堂的特点

深度知识课堂是指在教学过程中，不仅传授知识，而且注重培养学生的高级思维能力、情感态度和价值观的教学方式.深度知识课堂具有以下特点：

（1）知识传授与能力培养相结合

深度知识课堂不仅要求学生掌握知识，还注重培养学生的能力，如高级思维能力、问题解决能力、团队协作能力等.

（2）注重学生的主体性和创造性

深度知识课堂强调学生的主体性和创造性，鼓励学生主动参与、探究和创造，而不是被动接受知识.

（3）多元化的教学方式

深度知识课堂采用多元化的教学方式，如案例分析、讨论交流、项目实践等，以适应不同学生的学习风格和兴趣.

（4）情感态度和价值观的培养

深度知识课堂不仅关注学生的知识掌握，还注重培养学生的情感态度和价值观，如合作精神、批判性思维等.

二、翻转课堂与深度知识课堂的结合

翻转课堂与深度知识课堂相结合，可以更好地实现学生的全面发展.在翻转课堂中，课前预习阶段可以帮助学生建立起对新知识的初步认知，而课堂上的互动和讨论则可以促进学生对知识的深入理解和实际应用.这种教学方式有利于培养学生的高级思维能力、情感态度和价值观等方面的全面发展.

三、如何实现翻转课堂与深度知识课堂的结合

要实现翻转课堂与深度知识课堂的结合，需要采取以下措施：

（1）制作高质量的教学视频

翻转课堂中的教学视频需要具备针对性强、内容精炼、富有启发性等特点，以帮助学生更好地掌握知识点和培养高级思维能力.

（2）设计有深度的课堂活动

在翻转课堂中，课堂活动需要具备探究性、互动性和实践性等特点，以促进学生对知识的深入理解和实际应用.例如，可以组织学生进行案例分析、小组讨论、项目实践等活动.

（3）培养学生的自主学习能力

翻转课堂需要学生具备一定的自主学习能力和自我管理能力，因此需要注重培养学生的自主学习能力，如时间管理、学习方法和自我反思等.

（4）提供及时的学习反馈

在翻转课堂中，需要及时提供学习反馈，以帮助学生了解自己的学习进度和问题，并加以改进.例如，教师可以组织学生通过课堂检测、作业批改等方式来及时反馈学习情况.

总之，翻转课堂与深度知识课堂相结合是一种创新的教育模式，它可以促进学生的全面发展，提高他们的学习效果和学习质量.

第八节　大学数学中翻转课堂的应用与实践

一、引言

大学数学是高等院校理工科专业的重要基础课程，主要包括高等数学、线性代数和概率论与数理统计.这些课程的学习对于培养学生的逻辑思维、分析问题、解决问题的能力有着重要的意义.然而，传统的大学数学教学模式往往偏重于教师的讲授，学生被动接受知识，导致学习效果不尽如人意.翻转课堂作为一种创新型的教育模式，能够实现学生自主学习和个性化学习的目标，为大学数学的教学改革提供新的思路.

二、大学数学中翻转课堂的应用与实践

在大学数学中应用翻转课堂，可以将抽象的概念、定理、公式等具体化、形象化，提高学生的学习兴趣和参与度.下面以高等数学中的“微分”为例，探讨翻转课堂的应

用与实践.

(1) 课前预习

教师根据教学目标和教学内容，制作微分的概念、计算方法、应用实例等知识清单并将其上传至教学平台或微信群等渠道，供学生预习，然后指导学生学习相关视频.学生可以根据自己的时间安排和学习需求观看视频，同时完成相关课前测试题.

(2) 课堂教学

在课堂教学中，教师首先对学生在预习中遇到的问题和难点进行讲解和答疑，然后组织学生进行分组讨论.讨论结束之后开始课堂检测，检查学习的效果，对于仍然存在的问题再次进行讲解，这样经过两轮的学习和检测将极大地巩固要学习的知识.如果检测效果很好，教师可以引导学生探讨微分在不同领域中的应用，或者让学生用微分解决实际问题等.通过分组讨论和实践活动，可以增强学生的团队协作能力和实际应用能力.

(3) 课后巩固

课后，教师可以根据学生的学习情况和反馈意见，制作一些知识难度较高的视频或文档，供学有余力的学生进行深入学习和提高.同时，教师还可以在学习通或雨课堂等渠道中发布一些拓展性的问题或讨论题目，供学生思考和探讨.

三、大学数学中翻转课堂的实践效果与挑战

在《中国矿业大学本科培养方案(2020 版)》里，高等数学 A(1)共 32 学时，另外有 8 学时的自主学习内容.高等数学 A(2)共 48 学时，另外有 16 学时的自主学习内容.高等数学 A(3)共 48 学时，另外有 16 学时的自主学习内容.高等数学 A(4)共 48 学时，另外有 16 学时的自主学习内容.线性代数共 32 学时，另外有 8 学时的自主学习内容.概率论与数理统计共 40 学时，另外有 16 学时的自主学习内容.这些内容需要学生自己在课前将“学习通”里的相关内容进行自主学习.特别是线性代数和概率论与数理统计这两门课，其中的自主学习的内容与后面的内容息息相关，如果不能按时完成自主学习的内容就会对后面的学习产生很大的影响.因此按时进行自主学习十分重要，这也督促学生在自主学习上花费更多的精力.

通过在大学数学中应用翻转课堂，可以提高学生的自主学习能力和个性化学习能力，增强师生的互动性，提高学生的学习兴趣和参与度.同时，翻转课堂还可以提高学生的学习效果和实际应用能力.例如，在定积分的教学中，通过翻转课堂的方式，学生的平均成绩提高了 10%以上.

然而，在实践过程中也面临着一些挑战和问题.

首先，一些学生可能因为缺乏自律性和主动性而难以坚持课前预习和课后巩固；长期以来，学生已经适应了教师为主导的课堂学习模式，翻转课堂要求他们在课堂之

前要把要学的内容学习一遍，这让很多平常不预习的学生很难接受，因此翻转课堂的第一步就搁浅了，当然这也是很重要的一步. 没有了课前的学习就没有办法有效参与到课堂中，影响课堂教学进度和效果.

其次，一些教师可能需要投入更多的时间和精力来制作教学视频和其他教学资源，虽然目前有很多的教学视频可供选择，但是对于学习内容的清单、课前测试题，课堂测试题以及课后拓展题都需要教师精心准备，因此需要花费教师大量的精力和时间.

最后，一些学校可能需要投入更多的资金和技术支持来建设教学平台等.

四、结论与展望

大学数学中翻转课堂的应用与实践表明，翻转课堂可以有效地提高学生的学习兴趣和参与度，增强师生的互动性，提高学生的学习效果和实际应用能力. 然而，在实践过程中也面临着一些挑战和问题. 未来，我们需要进一步加强翻转课堂的理论研究和实践探索，不断完善这种教学模式以适应大学数学教学的需要. 同时我们还需要进一步加强教师培训和技术支持等工作以促进翻转课堂的推广和应用.

第九节　翻转课堂的不足与反思

尽管翻转课堂具有许多优点，但在实践中也面临着一些不足.

一、技术设施不足

一些学校可能因为技术设施的不足而难以实施翻转课堂. 针对这一问题，学校可以采取合作的方式，与其他学校或机构共享资源. 同时，政府和教育部门也应该加大对技术设施的投入，为学校提供必要的支持.

二、教师能力不足

一些教师可能因为缺乏翻转课堂所需的能力而感到困惑. 因此，对教师进行相关的培训和指导是非常必要的. 此外，教师也需要转变传统的教学观念，积极适应新的教育模式. 学校可以通过组织培训、研讨会等方式帮助教师提高相关技能.

三、学生适应问题

一些学生可能因为习惯了传统的学习方式而难以适应新的模式.在这种情况下,教师可以通过鼓励、引导等方式帮助学生适应新的学习环境.老师应该引导和鼓励学生积极参与翻转课堂的学习活动,从而帮助他们更好地适应这种新的学习方式.此外学校还可以通过开展宣传活动、组织学生进行体验等方式帮助学生更好地了解和接受翻转课堂的教学模式,从而激发他们的学习兴趣,提高他们的学习效果.

四、学科适用性问题

虽然翻转课堂在许多学科中都得到了成功应用,但也存在一些学科不太适合完全采用这种模式,例如需要大量实践操作的学科可能更适合采用传统的课堂教学方式.而对于一些理论性较强的学科,可以采用部分翻转的方式进行教学,从而达到更好的效果.在这种情况下,教师需要根据学科特点和教学内容灵活运用翻转课堂这种教学模式,以达到最佳的教学效果.

五、评估与反馈机制不完善

在翻转课堂中评估和反馈机制的完善是一个关键问题.虽然我们已经提到了一些评估指标,但仍然需要进一步研究和探讨更加科学合理的评估方法和反馈机制,以便更好地衡量学生的学习效果和教师的教学效果.同时还需要进一步加强对学生学习过程的监督和管理,以保证学生的学习质量和效果.

六、时间和精力投入问题

虽然翻转课堂可以提高学生的学习效果和能力,但也需要教师和学生投入更多的时间和精力来完成相关的学习任务和教学活动.因此教师需要根据学生的实际情况和学习需求,合理安排教学计划和学习任务,以保证学生的学习质量和效果.同时还需要给予学生必要的指导和帮助,以激发学生的学习兴趣和提高他们的学习效率.此外教师还需要不断反思和总结教学实践中的经验教训,不断改进和完善翻转课堂这种教学模式,在提高教学效果的同时促进学生的个人发展和社会发展,从而更好地满足社会对人才的需求和期望.

第十节　总结与展望

虽然翻转课堂在实践中面临着一些不足,但它在提高学生的自主学习能力和个性化学习能力,促进师生互动增强学生学习效果等方面所具有的优势,使其成为未来教育发展的重要方向之一.同时我们也需要进一步加强相关研究和探讨,不断完善这种教学模式以适应时代的发展和社会对人才的需求.同时还需要进一步推广和应用这种教学模式,以促进教育的公平和社会的可持续发展.

第二章　线性代数中翻转课堂的案例

第一节　矩阵的概念及运算

知识点

1. 矩阵的定义：

$m\times n$ 个数排成的 m 行 n 列的数表 $\begin{pmatrix} \boldsymbol{A}_{11} & \boldsymbol{A}_{12} & \cdots & \boldsymbol{A}_{1n} \\ \boldsymbol{A}_{21} & \boldsymbol{A}_{22} & \cdots & \boldsymbol{A}_{2n} \\ \vdots & \vdots & & \vdots \\ \boldsymbol{A}_{m1} & \boldsymbol{A}_{m2} & \cdots & \boldsymbol{A}_{mn} \end{pmatrix}$，称为一个 $m\times n$ 的矩阵，记为 $\boldsymbol{A}$，称 m 为行数，n 为列数，表中位于第 i 行 j 列的元素称为矩阵 $\boldsymbol{A}$ 的 (i,j)-元. 通常用大写的英文字母 $\boldsymbol{A}$,$\boldsymbol{B}$,$\boldsymbol{C}$ 等来表示矩阵.

2. 特殊矩阵：

只有一行的矩阵称为行矩阵；只有一列的矩阵称为列矩阵；若矩阵的所有元素均为零，则称为零矩阵；若矩阵的行数与列数均为 n，则称为 n 阶方阵；若方阵的对角线下方的元素全为零，则称为上三角阵；若方阵的对角线上方的元素全为零，则称为下三角阵；若方阵的对角线以外的元素全为零，则称为对角阵；若对角阵的对角元均相等，则称为数量矩阵；若对角阵的对角元均为 1，则称为单位矩阵；若两个矩阵具有相同的行数与列数，则称为同型矩阵.

3. 矩阵的线性运算：

矩阵 $\boldsymbol{A}=(a_{ij})_{m\times n}$ 与 $\boldsymbol{B}=(b_{ij})_{m\times n}$，定义 $\boldsymbol{A}+\boldsymbol{B}=(a_{ij}+b_{ij})_{m\times n}$，数乘 $k\boldsymbol{A}=(ka_{ij})_{m\times n}$.

4. 矩阵的乘法：

(1) 定义 $\boldsymbol{A}_{m\times p}\boldsymbol{B}_{p\times n}=\boldsymbol{C}_{m\times n}$，其中 $c_{ij}=\sum_{s=1}^{p}a_{is}b_{sj}$；

(2) 性质：结合律 $(\boldsymbol{AB})\boldsymbol{C}=\boldsymbol{A}(\boldsymbol{BC})$，分配律 $(\boldsymbol{A}+\boldsymbol{B})\boldsymbol{C}=\boldsymbol{AC}+\boldsymbol{BC}$，$k(\boldsymbol{AB})=(k\boldsymbol{A})\boldsymbol{B}=\boldsymbol{A}(k\boldsymbol{B})$，$\boldsymbol{EA}=\boldsymbol{AE}=\boldsymbol{A}$，$\boldsymbol{OA}=\boldsymbol{AO}=\boldsymbol{O}$.

5. 矩阵的转置：

(1) 定义 $(a_{m\times n})^{\mathrm{T}}$ 的 (i,j)-元为 $\boldsymbol{A}$ 的 (j,i)-元.

(2) 性质：$(\boldsymbol{A}^{\mathrm{T}})^{\mathrm{T}}=\boldsymbol{A}$；$(\boldsymbol{A}+\boldsymbol{B})^{\mathrm{T}}=\boldsymbol{A}^{\mathrm{T}}+\boldsymbol{B}^{\mathrm{T}}$；$(\boldsymbol{AB})^{\mathrm{T}}=\boldsymbol{B}^{\mathrm{T}}\boldsymbol{A}^{\mathrm{T}}$；$(k\boldsymbol{A})^{\mathrm{T}}=k\boldsymbol{A}^{\mathrm{T}}$.

(3) 若 $\boldsymbol{A}^{\mathrm{T}}=\boldsymbol{A}$，则称 $\boldsymbol{A}$ 为对称阵；若 $\boldsymbol{A}^{\mathrm{T}}=-\boldsymbol{A}$，则称 $\boldsymbol{A}$ 为反对称阵.

6. 线性方程组的矩阵表示：

线性方程组 $\begin{cases}a_{11}x_1+a_{12}x_2+\cdots+a_{1n}x_n=b_1\\ a_{21}x_1+a_{22}x_2+\cdots+a_{2n}x_n=b_2\\ \cdots\cdots\\ a_{m1}x_1+a_{m2}x_2+\cdots+a_{mn}x_n=b_m\end{cases}$

可以表示为

$$\begin{pmatrix}a_{11}&a_{12}&\cdots&a_{1n}\\a_{21}&a_{22}&\cdots&a_{2n}\\\vdots&\vdots&&\vdots\\a_{m1}&a_{m2}&\cdots&a_{mn}\end{pmatrix}\begin{pmatrix}x_1\\x_2\\\vdots\\x_n\end{pmatrix}=\begin{pmatrix}b_1\\b_2\\\vdots\\b_m\end{pmatrix}$$，称 $\boldsymbol{A}=\begin{pmatrix}a_{11}&a_{12}&\cdots&a_{1n}\\a_{21}&a_{22}&\cdots&a_{2n}\\\vdots&\vdots&&\vdots\\a_{m1}&a_{m2}&\cdots&a_{mn}\end{pmatrix}$ 为方程组的系数矩阵.

【课前练习】

练习 1 $\boldsymbol{A}=\begin{pmatrix}1&2\\4&5\\7&8\end{pmatrix}$ 是(　　)行(　　)列矩阵，其 $(2,2)$-元为(　　).

练习 2 计算：

(1) $3\begin{pmatrix}1&2&-1\\0&1&2\\0&0&1\end{pmatrix}-2\boldsymbol{E}=\begin{pmatrix}\quad&\quad&\quad\\&&\\&&\end{pmatrix}$；

(2) $\begin{pmatrix}1&2&-1\\0&1&2\\0&0&1\end{pmatrix}^{\mathrm{T}}-\boldsymbol{E}=\begin{pmatrix}\quad&\quad&\quad\\&&\\&&\end{pmatrix}$.

练习 3 计算：

(1) $(1\quad 2\quad 3)\begin{pmatrix}1\\2\\-1\end{pmatrix}=$　　　　(2) $\begin{pmatrix}1\\2\\-1\end{pmatrix}(1\quad 2\quad 3)=$

练习 4 写出线性方程组$\begin{cases}x_1-x_2+2x_3-2x_4=1\\x_2+x_3+2x_4=-1\\2x_1-x_2+5x_3-2x_4=1\\x_1-x_2-4x_4=3\end{cases}$的矩阵表示.

【课前练习答案】

练习 1 3,2,5.

练习 2 (1) $\begin{pmatrix}1&6&-3\\0&1&6\\0&0&1\end{pmatrix}$；(2) $\begin{pmatrix}0&0&0\\2&0&0\\-1&2&0\end{pmatrix}$.

练习 3 2，$\begin{pmatrix}1&2&3\\2&4&6\\-1&-2&-3\end{pmatrix}$.

练习 4 $\begin{pmatrix}1&-1&2&-2\\0&1&1&2\\2&-1&5&-2\\1&-1&0&-4\end{pmatrix}\begin{pmatrix}x_1\\x_2\\x_3\\x_4\end{pmatrix}=\begin{pmatrix}1\\-1\\1\\3\end{pmatrix}$.

【课堂练习】

练习 1 计算：

(1) $\begin{pmatrix}1 & -1\\0 & 1\\2 & -1\end{pmatrix}\begin{pmatrix}1 & 3\\2 & -1\end{pmatrix}=\begin{pmatrix} & \\ & \\ & \end{pmatrix}$；(2) $\begin{pmatrix}1 & 2 & 1\\0 & 2 & 1\\0 & 0 & 3\end{pmatrix}\begin{pmatrix}1 & 2 & 3\\0 & 1 & 2\\0 & 0 & -1\end{pmatrix}=\begin{pmatrix} & \\ & \\ & \end{pmatrix}$.

练习 2 设 $\boldsymbol{A}=\begin{pmatrix}1 & 1\\-1 & -1\end{pmatrix}$，$\boldsymbol{B}=\begin{pmatrix}1 & 1\\1 & 1\end{pmatrix}$，$\boldsymbol{C}=\begin{pmatrix}-1 & 2\\3 & 0\end{pmatrix}$，计算 $\boldsymbol{AB}$，$\boldsymbol{BA}$，$\boldsymbol{AC}$，$\boldsymbol{A}^2$.

练习 3 已知 $f(x)=x^2-3x+4$，$\boldsymbol{A}=\begin{pmatrix}1 & 2 & 3\\0 & 1 & 2\\0 & 0 & 1\end{pmatrix}$，求 $f(\boldsymbol{A})$.

练习 4 设 $\boldsymbol{\alpha}=[1,2,3]^{\mathrm{T}}$，$\boldsymbol{\beta}=[1,1,1]^{\mathrm{T}}$，计算 $\boldsymbol{A}=\boldsymbol{\alpha\beta}^{\mathrm{T}}$ 和 $\boldsymbol{A}^n$.（提示：利用矩阵乘法的结合律）

练习 5 设 $\boldsymbol{A}=\begin{pmatrix}\lambda & 1 & 0 & 0\\0 & \lambda & 1 & 0\\0 & 0 & \lambda & 1\\0 & 0 & 0 & \lambda\end{pmatrix}$，求 $\boldsymbol{A}^n(n\geqslant 3)$.

【课堂练习答案】

练习 1　(1) $\begin{pmatrix} -1 & 4 \\ 2 & -1 \\ 0 & 7 \end{pmatrix}$；(2) $\begin{pmatrix} 1 & 4 & 6 \\ 0 & 2 & 3 \\ 0 & 0 & -3 \end{pmatrix}$.

练习 2　$\boldsymbol{AB}=\begin{pmatrix} 2 & 2 \\ -2 & -2 \end{pmatrix}, \boldsymbol{BA}=\begin{pmatrix} 0 & 0 \\ 0 & 0 \end{pmatrix}, \boldsymbol{AC}=\begin{pmatrix} 2 & 2 \\ -2 & -2 \end{pmatrix}, \boldsymbol{A}^2=\begin{pmatrix} 0 & 0 \\ 0 & 0 \end{pmatrix}$.

练习 3　$f(\boldsymbol{A})=\boldsymbol{A}^2-3\boldsymbol{A}+4\boldsymbol{E}=\begin{pmatrix} 1 & 4 & 10 \\ 0 & 1 & 4 \\ 0 & 0 & 1 \end{pmatrix}-3\begin{pmatrix} 1 & 2 & 3 \\ 0 & 1 & 2 \\ 0 & 0 & 1 \end{pmatrix}+4\begin{pmatrix} 1 & 0 & 0 \\ 0 & 1 & 0 \\ 0 & 0 & 1 \end{pmatrix}$

$$=\begin{pmatrix} 2 & -2 & 1 \\ 0 & 2 & -2 \\ 0 & 0 & 2 \end{pmatrix}.$$

练习 4　$\boldsymbol{A}=\boldsymbol{\alpha\beta}^{\mathrm{T}}=\begin{pmatrix} 1 \\ 2 \\ 3 \end{pmatrix}(1\quad 1\quad 1)=\begin{pmatrix} 1 & 1 & 1 \\ 2 & 2 & 2 \\ 3 & 3 & 3 \end{pmatrix}$,

$$\boldsymbol{A}^n=(\boldsymbol{\alpha\beta}^{\mathrm{T}})^n=\underbrace{(\boldsymbol{\alpha\beta}^{\mathrm{T}})(\boldsymbol{\alpha\beta}^{\mathrm{T}})\cdots(\boldsymbol{\alpha\beta}^{\mathrm{T}})}_{n}=\boldsymbol{\alpha}\underbrace{(\boldsymbol{\beta}^{\mathrm{T}}\boldsymbol{\alpha})\cdots(\boldsymbol{\beta}^{\mathrm{T}}\boldsymbol{\alpha})}_{n-1}\boldsymbol{\beta}^{\mathrm{T}}=6^{n-1}\boldsymbol{A}$$

$$=6^{n-1}\begin{pmatrix} 1 & 1 & 1 \\ 2 & 2 & 2 \\ 3 & 3 & 3 \end{pmatrix}.$$

练习 5　记 $\boldsymbol{A}=\lambda\boldsymbol{E}+\begin{pmatrix} 0 & 1 & 0 & 0 \\ 0 & 0 & 1 & 0 \\ 0 & 0 & 0 & 1 \\ 0 & 0 & 0 & 0 \end{pmatrix}=\lambda\boldsymbol{E}+\boldsymbol{B}$，则

$$\boldsymbol{B}^2=\begin{pmatrix} 0 & 0 & 1 & 0 \\ 0 & 0 & 0 & 1 \\ 0 & 0 & 0 & 0 \\ 0 & 0 & 0 & 0 \end{pmatrix}, \boldsymbol{B}^3=\begin{pmatrix} 0 & 0 & 0 & 1 \\ 0 & 0 & 0 & 0 \\ 0 & 0 & 0 & 0 \\ 0 & 0 & 0 & 0 \end{pmatrix}, \boldsymbol{B}^4=\boldsymbol{B}^5=\cdots=\boldsymbol{B}^k=\boldsymbol{O},$$

进而 $\boldsymbol{A}^n=(\lambda\boldsymbol{E}+\boldsymbol{B})^n$

$$=\mathrm{C}_n^0(\lambda\boldsymbol{E})^n\boldsymbol{B}^0+\mathrm{C}_n^1(\lambda\boldsymbol{E})^{n-1}\boldsymbol{B}^1+\mathrm{C}_n^2(\lambda\boldsymbol{E})^{n-2}\boldsymbol{B}^2+\mathrm{C}_n^3(\lambda\boldsymbol{E})^{n-3}\boldsymbol{B}^3$$

$$=\begin{pmatrix} \lambda^n & \mathrm{C}_n^1\lambda^{n-1} & \mathrm{C}_n^2\lambda^{n-2} & \mathrm{C}_n^3\lambda^{n-3} \\ 0 & \lambda^n & \mathrm{C}_n^1\lambda^{n-1} & \mathrm{C}_n^2\lambda^{n-2} \\ 0 & 0 & \lambda^n & \mathrm{C}_n^1\lambda^{n-1} \\ 0 & 0 & 0 & \lambda^n \end{pmatrix}.$$

【课后拓展】

练习 1 证明：

(1) $(\boldsymbol{A}+\boldsymbol{B})^2=\boldsymbol{A}^2+2\boldsymbol{AB}+\boldsymbol{B}^2$ 的充要条件是 $\boldsymbol{AB}=\boldsymbol{BA}$；

(2) 若 $\boldsymbol{A}$ 与 $\boldsymbol{B}$ 均是 n 阶对称阵，则 $\boldsymbol{AB}$ 为对称阵的充要条件是 $\boldsymbol{AB}=\boldsymbol{BA}$.

练习 2 设 $\boldsymbol{A}=\begin{pmatrix}1 & 1\\ 0 & 1\end{pmatrix}$，求出所有与 $\boldsymbol{A}$ 可交换的矩阵.

【课后拓展简答】

练习 1 (1) 由矩阵乘法的分配律计算得 $(\boldsymbol{A}+\boldsymbol{B})^2=\boldsymbol{A}^2+\boldsymbol{AB}+\boldsymbol{BA}+\boldsymbol{B}^2$，因此 $(\boldsymbol{A}+\boldsymbol{B})^2=\boldsymbol{A}^2+2\boldsymbol{AB}+\boldsymbol{B}^2$ 的充要条件是 $\boldsymbol{AB}=\boldsymbol{BA}$.

(2) $\boldsymbol{AB}$ 为对称阵 $\Leftrightarrow \boldsymbol{AB}=(\boldsymbol{AB})^{\mathrm{T}}=\boldsymbol{B}^{\mathrm{T}}\boldsymbol{A}^{\mathrm{T}}=\boldsymbol{BA}$.

练习 2 由乘法的定义可知，与 $\boldsymbol{A}$ 左右均可乘的矩阵应是二阶方阵，设为 $\boldsymbol{B}=\begin{pmatrix}a & b\\ c & d\end{pmatrix}$，则 $\boldsymbol{AB}=\begin{pmatrix}a+c & b+d\\ c & d\end{pmatrix}$，$\boldsymbol{BA}=\begin{pmatrix}a & a+b\\ c & c+d\end{pmatrix}$，因此 $c=0$，$a=d$，故 $\boldsymbol{B}=\begin{pmatrix}a & b\\ 0 & a\end{pmatrix}$.

第二节 初等行变换法求解线性方程组

知识点

1. 消元法解线性方程组的三种同解变换：

(1) 交换两个方程的位置；

(2) 一个方程的两边同乘一个非零的实数；

(3) 一个方程的倍数加到另一个方程上.

2. 矩阵的初等行变换：

(1) 交换矩阵的第 i 行与第 j 行，记为 $\boldsymbol{r}_i \leftrightarrow \boldsymbol{r}_j$；

(2) 矩阵的第 i 行乘一个非零数 k，记为 $k\boldsymbol{r}_i$；

(3) 将矩阵的第 i 行的 k 倍加到第 j 行上，记为 $\boldsymbol{r}_j + k\boldsymbol{r}_i$.

同样的，有矩阵的初等列变换，它们统称为矩阵的初等变换.

3. 行阶梯形矩阵：

若在矩阵 $\boldsymbol{A}$ 的行列间可以画一条阶梯线，满足：

(1) 台阶左下方元素全为零；

(2) 每个台阶上只有一行；

(3) 每个台阶上第一个元素不为零，则称矩阵 $\boldsymbol{A}$ 为行阶梯形矩阵.

若阶梯线满足(1)(2)(3)之外，还满足(4)每一非零行的第一个非零元为 1 且它所在的列的其他元素全为零，这样的矩阵称为行最简形矩阵.

4. 等价标准型：矩阵 $\boldsymbol{A}$ 经过初等变换化为 $\begin{pmatrix} \boldsymbol{E}_r & \boldsymbol{O} \\ \boldsymbol{O} & \boldsymbol{O} \end{pmatrix}$，它称为 $\boldsymbol{A}$ 的等价标准型.

5. 化阶梯形：只用初等行变换必能将任何矩阵化为行阶梯形(从上往下，从左往右)，从而再化为行最简形(从下往上，从右往左)；行阶梯形不唯一，行最简形唯一.

6. 行等价、列等价、等价：矩阵 $\boldsymbol{A}$ 经过有限次行(列)初等变换变成 $\boldsymbol{B}$，就称 $\boldsymbol{A}$ 与 $\boldsymbol{B}$ 行(列)等价；矩阵 $\boldsymbol{A}$ 经过有限次初等变换变成 $\boldsymbol{B}$，就称 $\boldsymbol{A}$ 与 $\boldsymbol{B}$ 等价，记为 $\boldsymbol{A} \sim \boldsymbol{B}$.

7. 线性方程组的矩阵解法：写出线性方程组的增广矩阵 $\widetilde{\boldsymbol{A}}$，对 $\widetilde{\boldsymbol{A}}$ 做初等行变换化成行最简形 $\widetilde{\boldsymbol{B}}$，写出以 $\widetilde{\boldsymbol{B}}$ 为增广矩阵的线性方程组，以第一个非零元为系数的未知量留在等号的左边，其余的未知量作为自由未知量移到等号的右边，并令自由未知量为任意常数，从而求得线性方程组的解.

8. 非齐次线性方程组解的存在定理：非齐次线性方程组有解的充要条件是：增广矩阵 $\widetilde{\boldsymbol{A}}$ 的行最简形 $\widetilde{\boldsymbol{B}}$ 每个非零行第一个非零元不出现在最后一列；有唯一解的充要条件是：$\widetilde{\boldsymbol{B}}$ 的每个非零行第一个非零元不出现在最后一列且非零行的行数等于未知数的个数；有无穷解的充要条件是：$\widetilde{\boldsymbol{B}}$ 的每个非零行第一个非零元不出现在最后一列且非零行的行数小于未知数的个数.

9. 齐次线性方程组解的存在定理：齐次线性方程组有非零解的充要条件是系数矩阵 $\boldsymbol{A}$ 的行最简形 $\boldsymbol{B}$ 的非零行的行数小于未知数的个数.

【课前练习】

练习 1　用消元回代法求解下面线性方程组，要求每一步只做一个同解变换，并在每个同解方程组的下方写出对应的增广矩阵.

$$\begin{cases}2x_1+x_2=3\\x_1-x_2+x_3=4\\2x_1+x_2-x_3=-1\\x_1-x_2-4x_4=3\end{cases}$$

【课前练习答案】 略.

【课堂练习】

练习 1 判断下列矩阵是不是行阶梯形矩阵，若是请画出阶梯，并在是阶梯形矩阵的后面打√，不是的打×.

(1) $\begin{pmatrix}1&3&0&0\\0&-6&5&0\\0&0&0&0\end{pmatrix}$(　　)　　(2) $\begin{pmatrix}1&3&0&0\\0&0&0&0\\0&-6&5&0\end{pmatrix}$(　　)

(3) $\begin{pmatrix}1&3&0&0\\0&-6&5&0\\0&1&0&0\end{pmatrix}$(　　)　　(4) $\begin{pmatrix}0&3&0&0\\0&0&5&1\\0&0&0&0\end{pmatrix}$(　　)

练习 2 判断下列矩阵是不是行最简阶梯形矩阵，若是请画出阶梯，并在是行最简阶梯形矩阵的后面打√，不是的打×.（要点：认识行最简阶梯形矩阵）

(1) $\begin{pmatrix}1&1&0\\0&1&0\\0&0&1\end{pmatrix}$(　　)　　(2) $\begin{pmatrix}1&0&0&4\\0&1&0&3\\0&0&1&2\end{pmatrix}$(　　)

(3) $\begin{pmatrix}1&0&4&0\\0&1&3&0\\0&0&0&1\end{pmatrix}$(　　)　　(4) $\begin{pmatrix}1&0&4&0&2\\0&1&3&0&1\\0&0&0&1&0\end{pmatrix}$(　　)

练习 3 若某个非齐次线性方程组的增广矩阵已由初等行变换化为如下形式，试说明该方程组是否有解.若有解，请求出该方程组的解.

(1) $\begin{pmatrix}1&4&-2&8&12\\0&1&-1&2&4\\0&0&2&6&-10\\0&0&1&3&-5\end{pmatrix}$

(2) $\begin{pmatrix} 1 & 5 & 2 & -6 \\ 0 & 4 & -7 & 2 \\ 0 & 0 & 5 & 0 \end{pmatrix}$

(3) $\begin{pmatrix} 1 & 5 & 2 & -6 \\ 0 & 4 & -7 & 0 \\ 0 & 0 & 0 & 5 \end{pmatrix}$

练习 4　利用矩阵的初等变换求解下列线性方程组：

(注意：一定将增广矩阵(系数矩阵)化为行最简形矩阵，再写等价方程组).

(1) $\begin{cases} x_1+x_2+x_3=3 \\ 3x_1+6x_2+2x_3=27 \\ 2x_1-x_2+3x_3=6 \end{cases}$

(2) $\begin{cases} x_1+x_2+2x_3-x_4=0 \\ 2x_1+x_2+x_3-x_4=0 \\ 2x_1+2x_2+x_3+2x_4=0 \end{cases}$

练习 5 写出矩阵 $\boldsymbol{A}$ 的等价标准形.

$$\boldsymbol{A}=\begin{pmatrix} 2 & -3 & 1 & -1 & 2 \\ 2 & -1 & -1 & 1 & 2 \\ 1 & 1 & -2 & 1 & 4 \\ -1 & 4 & -3 & 2 & 2 \end{pmatrix}$$

【课堂练习答案】

练习 1 (1)(√)(2)(×)(3)(×)(4)(√).

练习 2 (1)(×)(2)(√)(3)(√)(4)(√).

练习 3

(1) 有解,$\begin{cases} x_1=6k+6, \\ x_2=-5k-1, \\ x_3=-3k-5, \\ x_4=k, \end{cases}$ k 为任意常数;

(2) 有解,$\begin{cases} x_1=-17/2, \\ x_2=1/2, \\ x_3=0; \end{cases}$

(3) 无解.

练习 4

(1) 无解;

(2) $\begin{cases} x_1=4k/3, \\ x_2=-3k, \\ x_3=-4k/3, \\ x_4=k, \end{cases}$ k 为任意常数.

练习 5

$\boldsymbol{F}=\begin{pmatrix} \boldsymbol{E}_3 & \boldsymbol{O} \\ \boldsymbol{O} & \boldsymbol{O} \end{pmatrix}$.

【课后拓展】

练习 1　设有非齐次线性方程组$\begin{cases}x_1+x_2-2x_3+3x_4=0,\\2x_1+x_2-6x_3+4x_4=-1,\\3x_1+2x_2+px_3+7x_4=-1,\\x_1-x_2-6x_3-x_4=t,\end{cases}$讨论 p,t 的取值对该方程组解的影响，并在无穷多解时求其解.

练习 2　液态苯在空气中可以燃烧，如果将一个冷的物体直接放在燃烧的苯上部，则水蒸气就会在物体上凝结，同时烟灰（碳）也会在该物体上沉积. 这个化学反应的方程式为 $x_1C_6H_6+x_2O_2\rightarrow x_3C+x_4H_2O$，求 x_1,x_2,x_3,x_4，使得方程式两边的碳、氢和氧原子分别相等.

【课后拓展简答】

练习 1　当 $t\neq-2$ 时，该方程组无解；

当 $t=-2,p\neq-8$ 时，该方程组有无穷解，解为$\begin{cases}x_1=-1-c,\\x_2=1-2c,\\x_3=0,\\x_4=c,\end{cases}$ c 为任意常数；

当 $t=-2,p=-8$ 时，该方程组有无穷解，解为$\begin{cases}x_1=4c_1-c_2-1,\\x_2=-2c_1-2c_2+1,\\x_3=c_1,\\x_4=c_2,\end{cases}$ c_1,c_2 为任意常数.

练习 2 由题意得$\begin{cases}6x_1=x_3,\\6x_1=2x_4,\\2x_2=x_4,\end{cases}$从而有$\begin{cases}x_1=\dfrac{1}{3}k,\\x_2=\dfrac{1}{2}k,\\x_3=2k,\\x_4=k,\end{cases}$其中，$k=6n$，$n$ 为任意正整数.

第三节 初等矩阵与可逆矩阵

知识点

1. 可逆矩阵的定义：对于 n 阶方阵 $\boldsymbol{A}$，若存在 n 阶方阵 $\boldsymbol{B}$，使得 $\boldsymbol{AB}=\boldsymbol{BA}=\boldsymbol{E}$，则称 $\boldsymbol{A}$ 可逆，$\boldsymbol{B}$ 为 $\boldsymbol{A}$ 的一个逆矩阵.

2. 可逆矩阵的性质：

(1) 可逆矩阵 $\boldsymbol{A}$ 的逆矩阵是唯一的，记为 $\boldsymbol{A}^{-1}$；

(2) $(\boldsymbol{A}^{-1})^{-1}=\boldsymbol{A}$；

(3) $(\boldsymbol{AB})^{-1}=\boldsymbol{B}^{-1}\boldsymbol{A}^{-1}$；

(4) $(\boldsymbol{A}^{\mathrm{T}})^{-1}=(\boldsymbol{A}^{-1})^{\mathrm{T}}$；

(5) $(k\boldsymbol{A})^{-1}=k^{-1}\boldsymbol{A}^{-1}$.

3. 初等矩阵的定义：对 n 阶单位阵 $\boldsymbol{E}$ 实施一次初等变换得到的矩阵称为 n 阶初等矩阵.

4. 初等矩阵的性质：

(1) 初等矩阵都是可逆的，且逆矩阵为同类型的初等矩阵.

(2) 矩阵 $\boldsymbol{A}_{m\times n}$ 左乘一个初等矩阵相当于对 $\boldsymbol{A}_{m\times n}$ 实施了一次相应的初等行变换，矩阵 $\boldsymbol{A}_{m\times n}$ 右乘一个初等矩阵相当于对 $\boldsymbol{A}_{m\times n}$ 实施了一次相应的初等列变换.

(3) 方阵 $\boldsymbol{A}$ 可逆当且仅当 $\boldsymbol{A}$ 可以表示为初等矩阵的乘积.

5. 逆矩阵的求法：

(1) 定义法；

(2) 初等行变换法 $(\boldsymbol{A}\vdots\boldsymbol{E})\xrightarrow{r}(\boldsymbol{E}\vdots\boldsymbol{A}^{-1})$.

6. 逆矩阵的应用：

(1) 解矩阵方程 $\boldsymbol{AXB}=\boldsymbol{C}$，其中 $\boldsymbol{A}$ 与 $\boldsymbol{B}$ 均可逆，则 $\boldsymbol{X}=\boldsymbol{A}^{-1}\boldsymbol{C}\boldsymbol{B}^{-1}$；

(2) 解矩阵方程 $\boldsymbol{AX}=\boldsymbol{B}$，其中 $\boldsymbol{A}$ 可逆，$(\boldsymbol{A}\vdots\boldsymbol{B})\xrightarrow{r}(\boldsymbol{E}\vdots\boldsymbol{A}^{-1}\boldsymbol{B})$，则 $\boldsymbol{X}=\boldsymbol{A}^{-1}\boldsymbol{B}$.

【课前练习】

练习 1　验证 $\boldsymbol{A}=\begin{pmatrix}1&2\\3&4\end{pmatrix}$与 $\boldsymbol{B}=\begin{pmatrix}-2&1\\\frac{3}{2}&-\frac{1}{2}\end{pmatrix}$ 互为逆矩阵.

练习 2　设矩阵 $\boldsymbol{A}$ 经过三次初等变换变成矩阵 $\boldsymbol{B}$：

$$\boldsymbol{A}=\begin{pmatrix}1&2\\4&5\\7&8\end{pmatrix}\xrightarrow{r_2-r_1}\begin{pmatrix}1&2\\3&3\\7&8\end{pmatrix}\xrightarrow{r_3-r_1}\begin{pmatrix}1&2\\3&3\\6&6\end{pmatrix}\xrightarrow{c_2-c_1}\begin{pmatrix}1&1\\3&0\\6&0\end{pmatrix}=\boldsymbol{B}$$

写出相应的初等矩阵 $\boldsymbol{P}_1,\boldsymbol{P}_2,\boldsymbol{P}_3$.

【课前练习答案】

练习 1

$$\boldsymbol{AB}=\begin{pmatrix}1&2\\3&4\end{pmatrix}\begin{pmatrix}-2&1\\\frac{3}{2}&-\frac{1}{2}\end{pmatrix}=\begin{pmatrix}1&0\\0&1\end{pmatrix},\boldsymbol{BA}=\begin{pmatrix}-2&1\\\frac{3}{2}&-\frac{1}{2}\end{pmatrix}\begin{pmatrix}1&2\\3&4\end{pmatrix}=\begin{pmatrix}1&0\\0&1\end{pmatrix}.$$

练习 2

$$\boldsymbol{P}_1=\begin{pmatrix}1&0&0\\-1&1&0\\0&0&1\end{pmatrix},\boldsymbol{P}_2=\begin{pmatrix}1&0&0\\0&1&0\\-1&0&1\end{pmatrix},\boldsymbol{P}_3=\begin{pmatrix}1&-1\\0&1\end{pmatrix}.$$

【课堂练习】

练习 1 利用初等行变换法求下列矩阵的逆矩阵：

(1) $\begin{pmatrix} 1 & 1 \\ -1 & 3 \end{pmatrix}$；　(2) $\begin{pmatrix} & & & 1 \\ & & 2 & \\ & \iddots & & \\ n & & & \end{pmatrix}$；　(3) $\begin{pmatrix} 1 & 2 & 0 \\ 1 & -2 & -1 \\ -3 & 1 & 2 \end{pmatrix}$.

练习 2 设 $\boldsymbol{A}$ 为 3 阶矩阵，将 $\boldsymbol{A}$ 的第 2 列加到第 1 列得到矩阵 $\boldsymbol{B}$，再交换 $\boldsymbol{B}$ 的第 2 行与第 3 行得到单位矩阵 $\boldsymbol{E}$，求矩阵 $\boldsymbol{A}$.

练习 3 设 n 阶矩阵 $\boldsymbol{A}$ 满足 $\boldsymbol{A}^2+2\boldsymbol{A}-3\boldsymbol{E}=\boldsymbol{O}$，证明 $\boldsymbol{A}+4\boldsymbol{E}$ 可逆，并求 $(\boldsymbol{A}+4\boldsymbol{E})^{-1}$.

练习 4 设 $\boldsymbol{A},\boldsymbol{B}$ 均为三阶可逆矩阵，满足 $\boldsymbol{AB}+\boldsymbol{E}=\boldsymbol{A}^2+\boldsymbol{B}$：

(1) 若 $\boldsymbol{A}-\boldsymbol{E}$ 可逆，求 $\boldsymbol{B}$；

(2) 若 $\boldsymbol{A}=\begin{pmatrix} 1 & 0 & 1 \\ 0 & 2 & 0 \\ -1 & 0 & 1 \end{pmatrix}$，求 $\boldsymbol{B}$.

练习 5 设 $\boldsymbol{A},\boldsymbol{B}$ 均为三阶可逆矩阵，且矩阵 $\boldsymbol{X}$ 满足 $\boldsymbol{AXA}+\boldsymbol{BXB}=\boldsymbol{AXB}+\boldsymbol{BXA}+\boldsymbol{E}$：

(1) 若 $\boldsymbol{A},\boldsymbol{B}$ 可逆，求 $\boldsymbol{X}$；

(2) 若 $\boldsymbol{A}=\begin{pmatrix}1&0&0\\1&1&0\\1&1&1\end{pmatrix}$,$\boldsymbol{B}=\begin{pmatrix}0&1&1\\1&0&1\\1&1&0\end{pmatrix}$,求 $\boldsymbol{X}$.

【课堂练习答案】

练习 1　(1) $\begin{pmatrix}3/4&-1/4\\1/4&1/4\end{pmatrix}$;

(2) $\begin{pmatrix}0&0&\cdots&0&\frac{1}{n}\\0&0&\cdots&\frac{1}{n-1}&0\\0&\frac{1}{2}&\cdots&0&0\\1&0&\cdots&0&0\end{pmatrix}$;

(3) $\begin{pmatrix}3&4&2\\-1&-2&-1\\5&7&4\end{pmatrix}$.

练习 2

因为 $\boldsymbol{A}\xrightarrow{c_1+c_2}\boldsymbol{B}\xrightarrow{r_2\leftrightarrow r_3}\boldsymbol{E}$,所以

$$\boldsymbol{E}\xrightarrow{r_2\leftrightarrow r_3}\begin{pmatrix}1&0&0\\0&0&1\\0&1&0\end{pmatrix}\xrightarrow{c_1-c_2}\begin{pmatrix}1&0&0\\0&0&1\\-1&1&0\end{pmatrix}=\boldsymbol{A}.$$

练习 3

由 $\boldsymbol{A}^2+2\boldsymbol{A}-3\boldsymbol{E}=\boldsymbol{0}$,所以 $(\boldsymbol{A}+4\boldsymbol{E})(\boldsymbol{A}-2\boldsymbol{E})=-5\boldsymbol{E}$,从而 $(\boldsymbol{A}+4\boldsymbol{E})^{-1}=\frac{1}{5}(2\boldsymbol{E}-\boldsymbol{A})$.

练习 4

(1) 由 $\boldsymbol{AB}+\boldsymbol{E}=\boldsymbol{A}^2+\boldsymbol{B}$,所以 $(\boldsymbol{A}-\boldsymbol{E})\boldsymbol{B}=(\boldsymbol{A}-\boldsymbol{E})(\boldsymbol{A}+\boldsymbol{E})$,又 $\boldsymbol{A}+\boldsymbol{E}$ 可逆,所以 $\boldsymbol{B}=\boldsymbol{A}+\boldsymbol{E}$;

(2) 因为 $\boldsymbol{A}-\boldsymbol{E}=\begin{pmatrix}0&0&1\\0&1&0\\-1&0&0\end{pmatrix}$ 可逆,所以 $\boldsymbol{B}=\boldsymbol{A}+\boldsymbol{E}=\begin{pmatrix}2&0&1\\0&3&0\\-1&0&2\end{pmatrix}$.

练习 5

(1) 将方程移项并整理可得$(\boldsymbol{A}-\boldsymbol{B})\boldsymbol{X}(\boldsymbol{A}-\boldsymbol{B})=\boldsymbol{E}$,因此$\boldsymbol{X}=[(\boldsymbol{A}-\boldsymbol{B})^{-1}]^2$.

(2) $\boldsymbol{A}-\boldsymbol{B}=\begin{pmatrix}1&-1&-1\\0&1&-1\\0&0&1\end{pmatrix}$,$(\boldsymbol{A}-\boldsymbol{B})^{-1}=\begin{pmatrix}1&1&2\\0&1&1\\0&0&1\end{pmatrix}$,

$$[(\boldsymbol{A}-\boldsymbol{B})^{-1}]^2=\begin{pmatrix}1&2&5\\0&1&2\\0&0&1\end{pmatrix}.$$

【课后拓展】

练习 1 设$\boldsymbol{A},\boldsymbol{B}$为同阶可逆矩阵,且$\boldsymbol{A}^{-1}+\boldsymbol{B}^{-1}$是可逆矩阵,证明$\boldsymbol{A}+\boldsymbol{B}$是可逆矩阵,并求$(\boldsymbol{A}+\boldsymbol{B})^{-1}$.

练习 2 证明:如果可逆矩阵$\boldsymbol{A}$是对称阵,则$\boldsymbol{A}^{-1}$也是对称阵.

【课后拓展简答】

练习 1 因为$\boldsymbol{A}+\boldsymbol{B}=\boldsymbol{A}(\boldsymbol{E}+\boldsymbol{A}^{-1}\boldsymbol{B})=\boldsymbol{A}(\boldsymbol{B}^{-1}+\boldsymbol{A}^{-1})\boldsymbol{B}$,且$\boldsymbol{A},\boldsymbol{B},\boldsymbol{A}^{-1}+\boldsymbol{B}^{-1}$均是可逆矩阵,从而$\boldsymbol{A}+\boldsymbol{B}$是可逆矩阵,且$(\boldsymbol{A}+\boldsymbol{B})^{-1}=\boldsymbol{B}^{-1}(\boldsymbol{B}^{-1}+\boldsymbol{A}^{-1})^{-1}\boldsymbol{A}^{-1}$. 或$\boldsymbol{A}^{-1}+\boldsymbol{B}^{-1}=\boldsymbol{A}^{-1}(\boldsymbol{E}+\boldsymbol{A}\boldsymbol{B}^{-1})=\boldsymbol{A}^{-1}(\boldsymbol{B}+\boldsymbol{A})\boldsymbol{B}^{-1}$,$(\boldsymbol{B}+\boldsymbol{A})=\boldsymbol{A}(\boldsymbol{A}^{-1}+\boldsymbol{B}^{-1})\boldsymbol{B}$,剩下同上.

练习 2 证明:$(\boldsymbol{A}^{-1})^{\mathrm{T}}=(\boldsymbol{A}^{\mathrm{T}})^{-1}=\boldsymbol{A}^{-1}$.

第四节　向量组及向量的线性组合

知识点

1. n 维向量的定义：

由 n 个数组成的有序数组，排成列的形式 $\begin{pmatrix} a_1 \\ a_2 \\ \vdots \\ a_n \end{pmatrix}$，称为 n 维列向量，排成行的形式 $(a_1, a_2, \cdots, a_n)$，称为 n 维行向量，通常用 $\boldsymbol{\alpha}, \boldsymbol{\beta}, \boldsymbol{\gamma}$ 等表示列向量.

2. 向量的线性运算：

加法 $\begin{pmatrix} a_1 \\ a_2 \\ \vdots \\ a_n \end{pmatrix} + \begin{pmatrix} b_1 \\ b_2 \\ \vdots \\ b_n \end{pmatrix} = \begin{pmatrix} a_1+b_1 \\ a_2+b_2 \\ \vdots \\ a_n+b_n \end{pmatrix}$，数乘 $k\begin{pmatrix} a_1 \\ a_2 \\ \vdots \\ a_n \end{pmatrix} = \begin{pmatrix} ka_1 \\ ka_2 \\ \vdots \\ ka_n \end{pmatrix}$.

3. 线性方程组的向量形式：

线性方程组 $\boldsymbol{Ax}=\boldsymbol{\beta}$，其中 $\boldsymbol{A}=(\boldsymbol{\alpha}_1, \boldsymbol{\alpha}_2, \cdots, \boldsymbol{\alpha}_n)$，$\boldsymbol{x}=(x_1, x_2, \cdots, x_n)^{\mathrm{T}}$，则其向量表示为 $x_1\boldsymbol{\alpha}_1+x_2\boldsymbol{\alpha}_2+\cdots+x_n\boldsymbol{\alpha}_n=\boldsymbol{\beta}$.

4. 向量组：

若干同维数向量的集合 $\{\alpha_1, \alpha_2, \cdots, \alpha_s\}$，称为向量组；矩阵 $\boldsymbol{A}_{m\times n}=\begin{pmatrix} \boldsymbol{\alpha}_1^{\mathrm{T}} \\ \boldsymbol{\alpha}_2^{\mathrm{T}} \\ \vdots \\ \boldsymbol{\alpha}_m^{\mathrm{T}} \end{pmatrix}=(\boldsymbol{\beta}_1, \boldsymbol{\beta}_2, \cdots, \boldsymbol{\beta}_n)$，它的行向量组为 $\{\boldsymbol{\alpha}_1^{\mathrm{T}}, \boldsymbol{\alpha}_2^{\mathrm{T}}, \cdots, \boldsymbol{\alpha}_m^{\mathrm{T}}\}$，它的列向量组为 $\{\boldsymbol{\beta}_1, \boldsymbol{\beta}_2, \cdots, \boldsymbol{\beta}_n\}$.

5. 向量组的线性组合及线性表示：

(1) 若存在 k_i 使得 $\boldsymbol{\beta}=k_1\boldsymbol{\alpha}_1+k_2\boldsymbol{\alpha}_2+\cdots+k_n\boldsymbol{\alpha}_n$，则称向量 $\boldsymbol{\beta}$ 是向量组 $\boldsymbol{\alpha}_1, \boldsymbol{\alpha}_2, \cdots, \boldsymbol{\alpha}_n$ 的一个线性组合或 β 可由向量组 $\boldsymbol{\alpha}_1, \boldsymbol{\alpha}_2, \cdots, \boldsymbol{\alpha}_n$ 线性表示；

(2) 向量 $\boldsymbol{\beta}$ 可由向量组 $\boldsymbol{\alpha}_1, \boldsymbol{\alpha}_2, \cdots, \boldsymbol{\alpha}_n$ 线性(唯一)表示的充要条件是线性方程组

$x_1\boldsymbol{\alpha}_1+x_2\boldsymbol{\alpha}_2+\cdots+x_n\boldsymbol{\alpha}_n=\boldsymbol{\beta}$ 有(唯一)解.

6．向量组的相互表示及等价：

(1) 若向量组 $\boldsymbol{A}:\boldsymbol{\alpha}_1,\boldsymbol{\alpha}_2,\cdots,\boldsymbol{\alpha}_s$ 中的每一个向量均可由向量组 $\boldsymbol{B}:\boldsymbol{\beta}_1,\boldsymbol{\beta}_2,\cdots,\boldsymbol{\beta}_t$ 表示,则称向量组 $\boldsymbol{A}$ 可以由向量组 $\boldsymbol{B}$ 表示；

(2) 向量组 $\boldsymbol{A}$ 可以由向量组 $\boldsymbol{B}$ 表示的充要条件是矩阵方程 $\boldsymbol{A}=\boldsymbol{BX}$ 有解；

(3) 若两个向量组可以相互表示,则称它们等价；

(4) 行等价的矩阵,它们的行向量组等价.

【课前练习】

练习 1 写出线性方程组$\begin{cases}x_1-x_2+2x_3-2x_4=1\\x_2+x_3+2x_4=-1\\2x_1-x_2+5x_3-2x_4=1\\x_1-x_2-4x_4=3\end{cases}$的向量表示形式.

练习 2 设 $\boldsymbol{\beta}=\boldsymbol{\alpha}_1-\boldsymbol{\alpha}_3$,记矩阵 $\boldsymbol{A}=[\boldsymbol{\alpha}_1,\boldsymbol{\alpha}_2,\boldsymbol{\alpha}_3]$,求线性方程组 $\boldsymbol{Ax}=\boldsymbol{\beta}$ 的一个解.

练习 3 判断向量 $\boldsymbol{\beta}=(5,3,-6)^{\mathrm{T}}$ 是否可由向量组 $\boldsymbol{\alpha}_1=(1,1,-1)^{\mathrm{T}},\boldsymbol{\alpha}_2=(0,2,1)^{\mathrm{T}},\boldsymbol{\alpha}_3=(-1,1,2)^{\mathrm{T}}$ 线性表示,表示唯一吗?

【课前练习答案】

练习 1 $\begin{pmatrix}1\\0\\2\\1\end{pmatrix}x_1+\begin{pmatrix}-1\\1\\-1\\-1\end{pmatrix}x_2+\begin{pmatrix}2\\1\\5\\0\end{pmatrix}x_3+\begin{pmatrix}-2\\2\\-2\\-4\end{pmatrix}x_4=\begin{pmatrix}1\\-1\\1\\3\end{pmatrix}$.

练习 2 由 $\boldsymbol{\beta}=\boldsymbol{\alpha}_1-\boldsymbol{\alpha}_3$ 可知 $\boldsymbol{\beta}=[\boldsymbol{\alpha}_1,\boldsymbol{\alpha}_2,\boldsymbol{\alpha}_3]\begin{pmatrix}1\\0\\-1\end{pmatrix}$,故 $\boldsymbol{x}=[1,0,-1]^{\mathrm{T}}$ 为 $\boldsymbol{Ax}=\boldsymbol{\beta}$ 的一个解.

练习 3　向量 $\boldsymbol{\beta}$ 可否由向量组 $\boldsymbol{\alpha}_1,\boldsymbol{\alpha}_2,\boldsymbol{\alpha}_3$(唯一)线性表示等价于方程组 $x_1\boldsymbol{\alpha}_1+x_2\boldsymbol{\alpha}_2+\cdots+x_n\boldsymbol{\alpha}_n=\boldsymbol{\beta}$ 是否有(唯一)解：

$$\begin{pmatrix}1&0&-1&5\\1&2&1&3\\-1&1&2&-6\end{pmatrix}\xrightarrow{r}\begin{pmatrix}1&0&-1&5\\0&1&-&-1\\0&0&0&0\end{pmatrix},$$

所以方程组有无穷多解 $\begin{cases}x_1=k+5,\\x_2=-k-1,\\x_3=k.\end{cases}$

因此有无穷多表示：$\boldsymbol{\beta}=(k+5)\boldsymbol{\alpha}_1+(-k-1)\boldsymbol{\alpha}_2+k\boldsymbol{\alpha}_3$，$k$ 为任意常数.

【课堂练习】

练习 1　如果向量 $\boldsymbol{\beta}$ 可由向量组 $\boldsymbol{\alpha}_1,\boldsymbol{\alpha}_2,\cdots,\boldsymbol{\alpha}_n$ 线性表示，则(　　).

(A) 存在一组不全为零的数，使得等式 $\boldsymbol{\beta}=k_1\boldsymbol{\alpha}_1+k_2\boldsymbol{\alpha}_2+\cdots+k_n\boldsymbol{\alpha}_n$ 成立

(B) 存在一组全为零的数 k_i，使得等式 $\boldsymbol{\beta}=k_1\boldsymbol{\alpha}_1+k_2\boldsymbol{\alpha}_2+\cdots+k_n\boldsymbol{\alpha}_n$

(C) 对 $\boldsymbol{\beta}$ 的线性表达式不唯一

(D) 线性方程组 $\boldsymbol{A}x=\boldsymbol{\beta}$ 有解，其中 $\boldsymbol{A}=(\boldsymbol{\alpha}_1,\boldsymbol{\alpha}_2,\cdots,\boldsymbol{\alpha}_n)$，$\boldsymbol{x}=(\boldsymbol{x}_1,\boldsymbol{x}_2,\cdots,\boldsymbol{x}_n)^{\mathrm{T}}$

练习 2　向量 $\boldsymbol{\beta}$ 可由向量组 $\boldsymbol{\alpha}_1,\boldsymbol{\alpha}_2,\cdots,\boldsymbol{\alpha}_m$ 线性表示，但不能由向量组(Ⅰ)：$\boldsymbol{\alpha}_1,\boldsymbol{\alpha}_2,\cdots,\boldsymbol{\alpha}_{m-1}$ 线性表示，记向量组(Ⅱ)：$\boldsymbol{\alpha}_1,\boldsymbol{\alpha}_2,\cdots,\boldsymbol{\alpha}_{m-1},\boldsymbol{\beta}$，则(　　).

(A) $\boldsymbol{\alpha}_m$ 不能由(Ⅰ)线性表示，也不能由(Ⅱ)线性表示

(B) $\boldsymbol{\alpha}_m$ 不能由(Ⅰ)线性表示，但可由(Ⅱ)线性表示

(C) $\boldsymbol{\alpha}_m$ 可由(Ⅰ)线性表示，也可由(Ⅱ)线性表示

(D) $\boldsymbol{\alpha}_m$ 可由(Ⅰ)线性表示，但不可由(Ⅱ)线性表示

练习 3　已知 $\boldsymbol{A}=\begin{pmatrix}1&2\\2&1\\1&3\end{pmatrix}$，若 $\boldsymbol{A}x=\boldsymbol{\beta}$ 有解，则 $\boldsymbol{\beta}=$____________.

练习 4　当 k 为何值时，$\boldsymbol{\beta}=(2,5,1,k)^{\mathrm{T}}$ 可由下面向量组线性表示.

$\boldsymbol{\alpha}_1=(1,3,0,5)^{\mathrm{T}}$，$\boldsymbol{\alpha}_2=(1,2,1,4)^{\mathrm{T}}$，$\boldsymbol{\alpha}_3=(1,1,2,3)^{\mathrm{T}}$，$\boldsymbol{\alpha}_4=(1,-3,6,-1)^{\mathrm{T}}$.

练习 5 设$\begin{cases}\boldsymbol{\beta}_1=\boldsymbol{\alpha}_2+\boldsymbol{\alpha}_3+\boldsymbol{\alpha}_4,\\ \boldsymbol{\beta}_2=\boldsymbol{\alpha}_1+\boldsymbol{\alpha}_3+\boldsymbol{\alpha}_4,\\ \boldsymbol{\beta}_3=\boldsymbol{\alpha}_1+\boldsymbol{\alpha}_2+\boldsymbol{\alpha}_4,\\ \boldsymbol{\beta}_4=\boldsymbol{\alpha}_1+\boldsymbol{\alpha}_2+\boldsymbol{\alpha}_3,\end{cases}$证明向量组$\{\boldsymbol{\alpha}_1,\boldsymbol{\alpha}_2,\boldsymbol{\alpha}_3,\boldsymbol{\alpha}_4\}$与$\{\boldsymbol{\beta}_1,\boldsymbol{\beta}_2,\boldsymbol{\beta}_3,\boldsymbol{\beta}_4\}$等价.

练习 6 设 $\boldsymbol{\alpha}_1=(0,1,1)^{\mathrm{T}},\boldsymbol{\alpha}_2=(1,1,0)^{\mathrm{T}},\boldsymbol{\beta}_1=(-1,0,1)^{\mathrm{T}},\boldsymbol{\beta}_2=(1,2,1)^{\mathrm{T}},\boldsymbol{\beta}_3=(3,2,-1)^{\mathrm{T}}$,证明向量组 $\boldsymbol{\alpha}_1,\boldsymbol{\alpha}_2$ 与向量组 $\boldsymbol{\beta}_1,\boldsymbol{\beta}_2,\boldsymbol{\beta}_3$ 等价.

【课堂练习答案】

练习 1 (D).

练习 2 (B).

练习 3 $k_1\begin{pmatrix}1\\2\\1\end{pmatrix}+k_2\begin{pmatrix}2\\1\\3\end{pmatrix}$, k_1,k_2 为任意常数.

练习 4 $\begin{pmatrix}1&1&1&1&2\\3&2&1&-3&5\\0&1&2&6&1\\5&4&3&-1&k\end{pmatrix}\xrightarrow{r}\begin{pmatrix}1&1&1&1&2\\0&1&2&6&1\\0&0&0&0&k-9\\0&0&0&0&0\end{pmatrix}$,$k=9$ 时,可以表示.

练习 5 由题目条件知,$\{\boldsymbol{\beta}_1,\boldsymbol{\beta}_2,\boldsymbol{\beta}_3,\boldsymbol{\beta}_4\}$可以由$\{\boldsymbol{\alpha}_1,\boldsymbol{\alpha}_2,\boldsymbol{\alpha}_3,\boldsymbol{\alpha}_4\}$线性表示,下面再证明$\{\boldsymbol{\alpha}_1,\boldsymbol{\alpha}_2,\boldsymbol{\alpha}_3,\boldsymbol{\alpha}_4\}$可以由$\{\boldsymbol{\beta}_1,\boldsymbol{\beta}_2,\boldsymbol{\beta}_3,\boldsymbol{\beta}_4\}$线性表示. 将四个等式加到一起得 $\boldsymbol{\beta}_1+\boldsymbol{\beta}_2+\boldsymbol{\beta}_3+\boldsymbol{\beta}_4=3(\boldsymbol{\alpha}_1+\boldsymbol{\alpha}_2+\boldsymbol{\alpha}_3+\boldsymbol{\alpha}_4)$,再结合各式可得 $\boldsymbol{\alpha}_1=\frac{1}{3}(\boldsymbol{\beta}_2+\boldsymbol{\beta}_3+\boldsymbol{\beta}_4)-\frac{2}{3}\boldsymbol{\beta}_1$,$\boldsymbol{\alpha}_2=\frac{1}{3}(\boldsymbol{\beta}_1+\boldsymbol{\beta}_3+\boldsymbol{\beta}_4)-\frac{2}{3}\boldsymbol{\beta}_2$, $\boldsymbol{\alpha}_3=\frac{1}{3}(\boldsymbol{\beta}_1+\boldsymbol{\beta}_2+\boldsymbol{\beta}_4)-\frac{2}{3}\boldsymbol{\beta}_3$,$\boldsymbol{\alpha}_4=\frac{1}{3}(\boldsymbol{\beta}_1+\boldsymbol{\beta}_2+\boldsymbol{\beta}_3)-\frac{2}{3}\boldsymbol{\beta}_4$.

练习 6 [方法一]

由$(\boldsymbol{\alpha}_1,\boldsymbol{\alpha}_2,\boldsymbol{\beta}_1,\boldsymbol{\beta}_2,\boldsymbol{\beta}_3)\xrightarrow{r}\begin{pmatrix}1&1&0&2&2\\0&1&-1&1&3\\0&0&0&0&0\end{pmatrix}$可知,向量组 $\boldsymbol{\beta}_1,\boldsymbol{\beta}_2,\boldsymbol{\beta}_3$ 可由 $\boldsymbol{\alpha}_1,\boldsymbol{\alpha}_2$ 表示;

由$(\boldsymbol{\beta}_1,\boldsymbol{\beta}_2,\boldsymbol{\beta}_3,\boldsymbol{\alpha}_1,\boldsymbol{\alpha}_2)\xrightarrow{r}\begin{pmatrix}1&-1&-3&0&-1\\0&2&2&1&1\\0&0&0&0&0\end{pmatrix}$可知，向量组$\boldsymbol{\alpha}_1,\boldsymbol{\alpha}_2$可由$\boldsymbol{\beta}_1$，$\boldsymbol{\beta}_2,\boldsymbol{\beta}_3$表示.所以两个向量组等价.

［方法二］

$\begin{pmatrix}\boldsymbol{\alpha}_1^{\mathrm{T}}\\\boldsymbol{\alpha}_2^{\mathrm{T}}\end{pmatrix}\xrightarrow{r}\begin{pmatrix}1&0&-1\\0&1&1\end{pmatrix}$，$\begin{pmatrix}\boldsymbol{\beta}_1^{\mathrm{T}}\\\boldsymbol{\beta}_2^{\mathrm{T}}\\\boldsymbol{\beta}_3^{\mathrm{T}}\end{pmatrix}\xrightarrow{r}\begin{pmatrix}1&0&-1\\0&1&1\\0&0&0\end{pmatrix}$，令$\boldsymbol{\gamma}_1^{\mathrm{T}}=(1,0,-1)^{\mathrm{T}}$，$\boldsymbol{\gamma}_2^{\mathrm{T}}=(0,1,1)^{\mathrm{T}}$，则向量组$\{\boldsymbol{\alpha}_1,\boldsymbol{\alpha}_2\}$，$\{\boldsymbol{\beta}_1,\boldsymbol{\beta}_2,\boldsymbol{\beta}_3\}$，$\{\boldsymbol{\gamma}_1,\boldsymbol{\gamma}_2\}$它们均等价.

【课后拓展】

练习1　设$\boldsymbol{\alpha}_1=(-1,1,4)^{\mathrm{T}}$，$\boldsymbol{\alpha}_2=(-2,1,5)^{\mathrm{T}}$，$\boldsymbol{\alpha}_3=(a,2,10)^{\mathrm{T}}$，$\boldsymbol{\beta}=(1,b,-1)^{\mathrm{T}}$，讨论$a,b$为何值时，① 向量$\boldsymbol{\beta}$可由向量组$\{\boldsymbol{\alpha}_1,\boldsymbol{\alpha}_2,\boldsymbol{\alpha}_3\}$唯一线性表示；② 向量$\boldsymbol{\beta}$不可由向量组$\{\boldsymbol{\alpha}_1,\boldsymbol{\alpha}_2,\boldsymbol{\alpha}_3\}$线性表示；③ 向量$\boldsymbol{\beta}$可由向量组$\{\boldsymbol{\alpha}_1,\boldsymbol{\alpha}_2,\boldsymbol{\alpha}_3\}$线性表示，且表示不唯一，并求出所有表示.

【课后拓展简答】

练习1　向量$\boldsymbol{\beta}$由向量组$\{\boldsymbol{\alpha}_1,\boldsymbol{\alpha}_2,\boldsymbol{\alpha}_3\}$线性表示问题等价于线性方程组$\boldsymbol{Ax}=\boldsymbol{\beta}$的解的情况，其中$\boldsymbol{A}=[\boldsymbol{\alpha}_1,\boldsymbol{\alpha}_2,\boldsymbol{\alpha}_3]=\begin{pmatrix}-1&-2&a\\1&1&2\\4&5&10\end{pmatrix}$；由于系数矩阵为方阵且$|\boldsymbol{A}|=a+4$

所以：

(1) 当$a\neq-4$时，向量$\boldsymbol{\beta}$可由向量组$\{\boldsymbol{\alpha}_1,\boldsymbol{\alpha}_2,\boldsymbol{\alpha}_3\}$唯一线性表示.

当$a=-4$时，

$$[\boldsymbol{\alpha}_1,\boldsymbol{\alpha}_2,\boldsymbol{\alpha}_3,\boldsymbol{\beta}]=\begin{pmatrix}-1&-2&-4&1\\1&1&2&b\\4&5&10&-1\end{pmatrix}\xrightarrow{r}\begin{pmatrix}-1&-2&-4&1\\0&-1&-2&1\\0&0&0&b\end{pmatrix}.$$

(2) 当$a=-4$且$b\neq0$时，向量$\boldsymbol{\beta}$不可由向量组$\{\boldsymbol{\alpha}_1,\boldsymbol{\alpha}_2,\boldsymbol{\alpha}_3\}$线性表示.

(3) 当$a=-4$且$b=0$时，向量$\boldsymbol{\beta}$可由向量组$\{\boldsymbol{\alpha}_1,\boldsymbol{\alpha}_2,\boldsymbol{\alpha}_3\}$无穷线性表示；$[\boldsymbol{\alpha}_1,\boldsymbol{\alpha}_2,\boldsymbol{\alpha}_3,\boldsymbol{\beta}]\xrightarrow{r}\begin{pmatrix}-1&-2&-4&1\\0&-1&-2&1\\0&0&0&0\end{pmatrix}\xrightarrow{r}\begin{pmatrix}1&0&0&1\\0&1&2&-1\\0&0&0&0\end{pmatrix}$，解为$\begin{pmatrix}x_1\\x_2\\x_3\end{pmatrix}=\begin{pmatrix}1\\-1-2k\\k\end{pmatrix}$，故$\boldsymbol{\beta}=\boldsymbol{\alpha}_1+(-2k-1)\boldsymbol{\alpha}_2+k\boldsymbol{\alpha}_3$，其中$k$为任意常数.

第三章　概率论与数理统计中翻转课堂的案例

第一节　全概率公式

知识点

1. 条件概率：

(1) 定义：设 $P(A)>0$，对于任意的事件 B，定义 $P(B|A)=\dfrac{P(AB)}{P(A)}$，称之为 A 发生的条件下 B 发生的概率；

(2) 条件概率满足概率的三条公理，从而满足概率的所有性质，例如：$P(\bar{B}|A)=1-P(B|A)$；若 $B_1B_2=\varnothing$，则 $P(B_1\cup B_2|A)=P(B_1|A)+P(B_2|A)$.

2. 乘法公式：

若 $P(A)>0$，则 $P(AB)=P(B|A)P(A))$；

若 $P(AB)>0$，则$P(ABC)=P(C|AB)P(B|A)P(A)$.

3. 样本空间的分割：

对于随机实验 E，样本空间 Ω，若事件集 $B_1,B_2,\cdots,B_n$ 满足对于任意的 i,j 有 $B_iB_j=\varnothing$且 $B_1\cup B_2\cup\cdots\cup B_n=\Omega$，则称 $B_1,B_2,\cdots,B_n$ 为 Ω 的一个分割或划分.

4. 全概率公式：

(1) 若 $B_1,B_2,\cdots,B_n$ 为 Ω 的一个分割，则

$$P(A) = \sum_{i=1}^{n} P(A \mid B_i)P(B_i);$$

(2) 公式的证明：

$$P(A) = P(A(\bigcup_{i=1}^{n} B_i)) = P(\bigcup_{i=1}^{n} AB_i) = \sum_{i=1}^{n} P(AB_i) = \sum_{i=1}^{n} P(A \mid B_i)P(B_i);$$

(3) 通常形象地称事件 $B_i(1 \leqslant i \leqslant n)$ 为导致 A 发生的各个原因，A 为结果，全概率公式描述的是一个“知因求果”的过程.

5. 贝叶斯公式：

(1) 若 $B_1, B_2, \cdots, B_n$ 为 Ω 的一个划分，则

$$P(B_i \mid A) = \frac{P(AB_i)}{P(A)} = \frac{P(A \mid B_i)P(B_i)}{\sum_{i=1}^{n} P(A \mid B_i)P(B_i)};$$

(2) A 可以看作结果，事件 B_i 为导致 A 发生的某个原因，贝叶斯公式描述的是一个“由果溯因”的过程.

【课前练习】

练习 1　已知 A, C 互不相容，$P(AB)=1/2$，$P(C)=1/3$，计算 $P(AB|\overline{C})$.

练习 2　某商店出售某电子产品，进货 10 件，其中有 3 件次品，已售 2 件，现从剩下的 8 件产品中任取一件，求这件是正品的概率.

【课前练习答案】

练习 1　因 A, C 互不相容，所以 $P(AC)=0$，进而 $P(ABC)=0$，所以

$$P(AB|\overline{C}) = \frac{P(AB\overline{C})}{P(\overline{C})} = \frac{P(AB)-P(ABC)}{1-P(C)} = \frac{1/2-0}{1-1/3} = \frac{3}{4}.$$

练习 2　从剩下的 8 件产品中任取一件为正品，记为事件 A；已售 2 件中次品数可能是 0,1,2，分别记为事件 B_0, B_1, B_2，它们构成样本空间的一个分割，计算它们的概率：$P(B_0)=\frac{C_7^2}{C_{10}^2}=\frac{7}{15}$，$P(B_1)=\frac{C_7^1 C_3^1}{C_{10}^2}=\frac{7}{15}$，$P(B_2)=\frac{C_3^2}{C_{10}^2}=\frac{1}{15}$.

由全概率公式可得

$$P(A)=\sum_{i=0}^{2}P(A\mid B_i)P(B_i)=\frac{7}{15}\cdot\frac{5}{8}+\frac{7}{15}\cdot\frac{6}{8}+\frac{1}{15}\cdot\frac{7}{8}=\frac{7}{10}.$$

【课堂练习】

练习 1 已知 $P(A)=P(B)=1/3, P(A\cup B)=1/2$，计算 $P(\bar{A}\mid\bar{B})$的值.

练习 2 设甲箱有 8 个白球、2 个黑球，乙箱有 14 个白球、6 个黑球. 现从每箱中任取一个球，然后再从这两个球中任取一个，求取到黑球的概率.

练习 3 今有两个箱子装有同种产品，第一箱中有 3 件合格品和 3 件次品，第二个箱子中有 3 件合格品，现从第一箱中任取 3 件放入第二个箱子，求：

(1) 第二个箱子中次品数 X 的分布律；

(2) 从第二个箱子中任取一件为次品的概率.

练习 4 根据以往的临床纪录，癌症患者某项试验呈阳性的概率为 95%，而正常人该试验呈阴性的概率为 80%，已知常人患癌症的概率为 1%，现对自然人群进行普查. 求：

(1) 求被试验的人试验呈阳性的概率；

(2) 若试验呈阳性，求他患癌症的概率有多大?

练习 5 一台电脑在一段时间内先遭到甲病毒的攻击，后又受到乙病毒的攻击. 已知感染甲病毒的概率为 0.25，若被感染甲病毒，则感染乙病毒的概率为 0.75；若未感染甲病毒，则感染乙病毒的概率为 0.25. 求：

(1) 至少感染一种病毒的概率；

(2) 若已知感染乙种病毒，求它感染甲病毒的概率.

【课堂练习答案】

练习 1　由 $P(A\cup B)=P(A)+P(B)-P(AB)$，可得 $P(AB)=\frac{1}{6}$；

进而 $P(\bar{A}|\bar{B})=\frac{P(\bar{A}\bar{B})}{P(\bar{B})}=\frac{P(\overline{A\cup B})}{1-P(B)}=\frac{1-P(A\cup B)}{1-1/3}=\frac{1-1/2}{2/3}=\frac{3}{4}$.

练习 2　设球来自甲箱为事件 A，取到黑球为事件 B，

$P(B)=P(A)P(B|A)+P(\bar{A})P(B|\bar{A})=\frac{1}{2}\cdot\frac{2}{10}+\frac{1}{2}\cdot\frac{6}{20}=\frac{1}{4}$.

练习 3

（1）从第一箱中取出的 3 件全为正品，则 X 取值为 0，概率为 $P\{X=0\}=\frac{C_3^3C_3^0}{C_6^3}=\frac{1}{20}$；

从第一箱中取出的 3 件为 2 正品 1 次品，则 X 取值为 1，概率为 $P\{X=1\}=\frac{C_3^2C_3^1}{C_6^3}=\frac{9}{20}$；

从第一箱中取出的 3 件为 1 正品 2 次品，则 X 取值为 2，概率为 $P\{X=2\}=\frac{C_3^1C_3^2}{C_6^3}=\frac{9}{20}$；

从第一箱中取出的 3 件全为次品，则 X 取值为 3，概率为 $P\{X=3\}=\frac{C_3^0C_3^3}{C_6^3}=\frac{1}{20}$.

（2）从第二个箱子中任取一件为次品记为事件 A，从第一箱中任取 3 件的上述四种情况分别记为事件 B_0,B_1,B_2,B_3，它们构成样本空间的一个分割，由全概率公式可得

$$P(A)=\sum_{i=0}^{3}P(A\mid B_i)P(B_i)=\frac{0}{6}\cdot\frac{1}{20}+\frac{1}{6}\cdot\frac{9}{20}+\frac{2}{6}\cdot\frac{9}{20}+\frac{3}{6}\cdot\frac{1}{20}=\frac{1}{4}.$$

练习 4　某人试验呈阳性记为事件 A，某人是癌症患者记为事件 B，B 与 $\bar{B}$ 构成样本空间的一个分割，由题中的信息可得

$$P(B)=1\%,P(A|\bar{B})=95\%,P(\bar{A}|B)=80\%.$$

（1）由全概率公式可得 $P(A)=P(A|\bar{B})P(\bar{B})+P(A|B)P(B)$
$=99\%\times20\%+1\%\times95\%\approx0.21$.

（2）由贝叶斯公式可得 $P(B|A)=\frac{P(A|B)P(B)}{P(A)}=\frac{0.009\,5}{0.207\,5}\approx4.6\%$.

练习 5　分别记感染甲病毒、乙病毒为事件 A 和 B，由题中的信息可得

$$P(A)=0.25,P(B|A)=75\%,P(A|\bar{B})=25\%.$$

（1）首先由全概率公式可得

$$\begin{aligned}P(B) &= P(B \mid A)P(A) + P(B \mid \bar{A})P(\bar{A}) \\ &= 0.75 \times 0.25 + 0.25 \times 0.75 \\ &= 0.375.\end{aligned}$$

进而

$$\begin{aligned}P(A \cup B) &= P(A) + P(B) - P(AB) \\ &= P(A) + P(B) - P(B \mid A)P(A) \\ &= 0.25 + 0.375 - 0.25 \times 0.75 \\ &= 0.4375.\end{aligned}$$

(2) $P(A|B)=\dfrac{P(B|A)P(A)}{P(B)}=\dfrac{0.1875}{0.375}=0.5.$

【课后拓展】

练习 1 有 50 白子，50 黑子，将其中 m 个白子，n 个黑子放入 1 号罐中，其余放入 2 号罐中. 任取一罐，从中任取一子. 如何设置 m 与 n，使得取出白子的机会最大?

练习 2 调查方案：一个房间中有一张桌子，桌子有一个装有一些白子和黑子的罐子，还有一些调查问卷，问卷上有两个问题，只需要回答“是”或“否”. 被调查者独自一个人在一个房间内操作和回答问题.

(1) 先从一个罐子中随机抽出一只棋子，看过颜色后放回.

(2) 若抽到白子就回答问题 A，抽到黑子就回答问题 B.

问题 A 你的生日是否在 7 月 1 日以前?

问题 B 你中学时代是否写过情书?

答　案
是□　否□

已知罐子中黑白子的比例为 6∶4，收回的有效问卷 1 583 张，有 389 张回答“是”.

据此估计中学生有写情书经历的比率 p.

【课后拓展简答】

练习 1　取到白子为事件 A，取到第 1 号和第 2 号罐子分别记为 B_1，B_2，甲罐子中放 m 只白子和 n 只黑子，

$$P(A)=\frac{1}{2}\cdot P(A\mid B_1)+\frac{1}{2}\cdot P(A\mid B_2)$$
$$=\frac{1}{2}\times\frac{m}{m+n}+\frac{1}{2}\times\frac{50-m}{(50-m)+(50-n)}.$$

当 1 号罐子中放 1 个白球，2 号罐子中放 49 个白球、50 个黑球时，求出 A 发生的概率约为 0.75. 可以从极值的角度证明此时 A 发生的概率最大.

练习 2　抽到白子为事件 A；抽到黑子为事件 B；回答“是”为事件 C.

$$P(C)=P(A)P(C|A)+P(B)P(C|B).$$
$$\frac{389}{1\,583}=0.5\times 0.4+p\times 0.6.$$

求得 $p=0.076\,2$，中学生有过写情书经历的比率约为 7.62%.

第二节　随机变量的分布函数

知识点

1. 分布函数的定义：

对于随机变量 X，其分布函数记为 $F(x)$，对于任意的实数 x，$F(x)=P\{X\leqslant x\}$.

2. 分布函数的性质：

(1) $F(x)$ 为单调不减函数，即当 $x_1<x_2$ 时，有 $F(x_1)\leqslant F(x_2)$；

(2) $0\leqslant F(x)\leqslant 1$，且 $F(-\infty)=0$，$F(+\infty)=1$；

(3) $F(x)$ 为右连续函数，即 $F(x+0)=F(x)$；

上述三个条件为函数作为某随机变量的分布函数的充要条件.

3. 用分布函数表达概率：

(1) $P\{x_1<X\leqslant x_2\}=F(x_2)-F(x_1)$；

(2) $P\{X=x_0\}=F(x_0)-F(x_0-0)$；

(3) $P\{X<x_0\}=F(x_0-0)$；

(4) $P\{X>x_0\}=1-F(x_0)$.

4. 离散型随机变量 X 的分布函数 $F(x)$ 的特点：

(1) 若 $P\{X=x_k\}=p_k$，则 $F(x)=\sum\limits_{x_k\leqslant x}p_k$；

(2) $F(x)$ 为阶梯函数；

(3) X 的每一取值点 x_k 为 $F(x)$ 的间断点，且跳跃值为取该点的概率，即 $F(x_k)-F(x_k-0)=P\{X=x_k\}$.

5. 连续型随机变量的定义：

设 $F(x)$ 为随机变量 X 的分布函数，若存在非负函数 $f(x)$，使得对于任意的实数 x，有 $F(x)=\int_{-\infty}^{x}f(t)\mathrm{d}t$，则 X 称为连续型随机变量，称 $f(x)$ 为概率密度函数.

6. 连续型随机变量的特点：

(1) $F(x)$ 为连续函数；

(2) $P\{X=x\}=0$；

(3) $f(x)\geqslant 0$，$\int_{-\infty}^{+\infty}f(x)\mathrm{d}x=1$，$P\{a<X\leqslant b\}=\int_{a}^{b}f(x)\mathrm{d}x$；

(4) 在 $f(x)$ 连续的点 x 处，$F'(x)=f(x)$.

【课前练习】

练习 1 如何理解分布函数的右连续性？

练习 2 试着用分布函数的定义计算两点分布 $\begin{pmatrix} 0 & 1 \\ \frac{1}{2} & \frac{1}{2} \end{pmatrix}$ 的分布函数.

练习 3 设随机变量 X 的概率密度函数为 $f(x)=\begin{cases} 1/2, & 0\leqslant x\leqslant 2, \\ 0, & x<0,x>2, \end{cases}$ 计算 $P\{1<X\leqslant 3\}$.

【课前练习答案】

练习 1　$F(x)$为随机变量 X 落入区间$(-\infty,x]$的概率，当 t 从 x 的右侧无穷接近 x 时，区间$(-\infty,t]$的极限就是$(-\infty,x]$，所以 $F(x+0)=\lim\limits_{t\to x^+}F(t)=F(x)$.

练习 2　当 $x<0$ 时，$F(x)=P\{X\leqslant x\}=P\{\varnothing\}=0$；

当 $0\leqslant x<1$ 时，$F(x)=P\{X\leqslant x\}=P\{X=0\}=1/2$；

当 $x\geqslant 1$ 时，$F(x)=P\{X\leqslant x\}=P\{X=0\}+P\{X=1\}=1$.

练习 3　$P\{1<X\leqslant 3\}=\int_1^3 f(x)\mathrm{d}x=\int_1^2 1/2\mathrm{d}x=1/2$.

【课堂练习】

练习 1　设 $X\sim\begin{pmatrix}-2 & 0 & 1\\ \dfrac{1}{6} & \dfrac{1}{3} & \dfrac{1}{2}\end{pmatrix}$，试求 X 的分布函数.

练习 2　设 X 的分布函数为 $F(x)=\begin{cases}0, & x<0,\\ 0.3, & 0\leqslant x<1,\\ 0.7, & 1\leqslant x<3,\\ 1, & x\geqslant 3,\end{cases}$ 试求 X 的分布率.

练习 3　设连续型随机变量 X 的分布函数为 $F(x)=\begin{cases}A+B\mathrm{e}^{-\frac{x^2}{2}}, & x>0,\\ 0, & x\leqslant 0.\end{cases}$

(1) 求常数 A 与 B 的值；(2) 求 X 的概率密度函数；(3) 求概率 $P\{\sqrt{2}<X<2\}$.

练习 4 设连续型随机变量 X 的概率密度函数为 $f(x)=\begin{cases}\dfrac{A}{\sqrt{1-x^2}}, & |x|<1,\\ 0, & |x|\geqslant 1.\end{cases}$

(1) 求常数 A 的值;(2) 求 X 的分布函数;(3) 求概率 $P\{|X|<1/2\}$.

练习 5 设 X 的分布函数为 $F(x)=\begin{cases}0, & x<0,\\ 1/2, & 0\leqslant x<1,\\ 1-\mathrm{e}^{-x}, & x\geqslant 1,\end{cases}$ 求概率 $P\{X=1\}$.

练习 6 设连续性随机变量 X_1 和 X_2 的分布函数分别为 $F_1(x)$ 和 $F_2(x)$,且概率密度函数分别为 $f_1(x)$ 和 $f_2(x)$,下列可以作为某一随机变量的分布函数的是__________.

(A) $F_1(x)+F_2(x)$　　(B) $F_1(x)F_2(x)$

(C) $f_1(x)+f_2(x)$　　(D) $f_1(x)f_2(x)$

【课堂练习答案】

练习 1 当 $x<-2$ 时,$F(x)=P\{X\leqslant x\}=P\{\varnothing\}=0$;

当 $-2\leqslant x<0$ 时,$F(x)=P\{X\leqslant x\}=P\{X=-2\}=1/6$;

当 $0\leqslant x<1$ 时,$F(x)=P\{X\leqslant x\}=P\{X=-2\}+P\{X=0\}=1/2$;

当 $x\geqslant 1$ 时,$F(x)=P\{X\leqslant x\}=P\{X=-2\}+P\{X=0\}+P\{X=1\}=1$.

练习 2 X 的可能取值为 0,1,3,且

$P\{X=0\}=F(0)-F(0-0)=0.3-0=0.3$;

$P\{X=1\}=F(1)-F(1-0)=0.7-0.3=0.4$

$P\{X=3\}=F(3)-F(3-0)=1-0.7=0.3$.

练习 3

(1) 由 $1=F(+\infty)$ 以及 $F(x)$ 在 0 点的右连续性可得 $1=F(+\infty)=A+0$;$0=F(0)=F(0+0)=A+B$,从而可得 $A=1,B=-1$;

(2) $f(x)=F'(x)=\begin{cases}x\mathrm{e}^{-\frac{x^2}{2}}, x>0;\\ 0, x\leqslant 0.\end{cases}$

(3) $P\{\sqrt{2}<X<2\}=F(2)-F(\sqrt{2})=e^{-1}-e^{-2}$

或 $P\{\sqrt{2}<X<2\}=\int_{\sqrt{2}}^{2} x e^{-\frac{x^2}{2}} dx = e^{-1}-e^{-2}$.

练习 4

(1) 由$\int_{-\infty}^{+\infty} f(x)dx=1$可得$1=\int_{-1}^{1}\frac{A}{\sqrt{1-x^2}}dx=A\pi$,故$A=\frac{1}{\pi}$.

(2) 由$F(x)=\int_{-\infty}^{x} f(t)dt$可得,

当$x\leqslant -1$时,$F(x)=\int_{-\infty}^{x} f(t)dt=0$;

当$-1<x<1$时,$F(x)=\int_{-\infty}^{x} f(t)dt=\int_{-1}^{x}\frac{1}{\pi\sqrt{1-t^2}}dt=\frac{1}{\pi}\left(\arcsin x-\frac{\pi}{2}\right)$;

当$x\geqslant 1$时,$F(x)=\int_{-\infty}^{x} f(t)dt=\int_{-1}^{1}\frac{1}{\pi\sqrt{1-t^2}}dt=1$.

(3) $P\{|X|<1/2\}=F(1/2)-F(-1/2)=\pi/3$.

练习 5　$P\{X=1\}=F(1)-F(1-0)=1-e^{-1}-1/2=1/2-e^{-1}$.

练习 6　可以证明选项(B)满足分布函数的三个条件,选项(A)(C)(D)的反例很容易找到,(A)不可以,因为$F(-\infty)=F_1(-\infty)+F_3(-\infty)=2$;(C)与(D)不一定可以,例如$f_1(x)=f_2(x)=\begin{cases}1, & 0\leqslant x\leqslant 1,\\ 0, & x<0\text{ 或 }x>0;\end{cases}$若$F(x)=f_1(x)+f_2(x)$,则$F(+\infty)=f_1(+\infty)+f_2(+\infty)=0\neq 1$,故(C)不对;若$F(x)=f_1(x)f_2(x)$,则$F(+\infty)=f_1(+\infty)f_2(+\infty)=0\neq 1$,故(D)不对.

【课后拓展】

练习 1　设X的分布函数$F(x)$严格单调增加且连续,则随机变量$Y=F(X)$的概率密度函数为__________.

练习 2　设随机变量X的密度函数为偶函数,其分布函数为$F(x)$,则对于任意的$a>0$,有$P\{|X|>a\}=$__________.

【课后拓展简答】

练习 1　由 $Y=F(X)$ 可知，随机变量的可能取值为 $[0,1]$，从而

当 $y<0$ 或 $y>1$ 时，$f_Y(y)=0$；

当 $0\leqslant y\leqslant 1$ 时，$F_Y(y)=P\{Y\leqslant y\}=P\{F(X)\leqslant y\}=P\{X\leqslant F^{-1}(y)\}=F(F^{-1}(y))=y$，从而 $f_Y(y)=1$. 所以 $f_Y(y)=\begin{cases}1, & 0\leqslant y\leqslant 1,\\ 0, & y<0 \text{ 或 } y>1.\end{cases}$

练习 2　由 X 的密度函数为偶函数可知，$F(-x)=\int_{-\infty}^{-x}f(t)\mathrm{d}t=\int_{x}^{+\infty}f(t)\mathrm{d}t=1-F(x)$. 所以 $P\{|X|>a\}=P\{X>a\}+P\{X<-a\}=[1-F(a)]+F(-a)=2[1-F(a)]$.

第三节　三种常见的连续性随机变量

知识点

1. 均匀分布

(1) 定义：若随机变量 X 的密度函数 $f(x)=\begin{cases}\dfrac{1}{b-a}, & a<x<b,\\ 0, & x\leqslant a, x\geqslant b,\end{cases}$ 则称 X 服从区间 (a,b) 上的均匀分布，记为 $X\sim U(a,b)$；

(2) 若 $(c,c+l)\subset(a,b)$，则 $P\{X\in(c,c+l)\}=\dfrac{c}{b-a}$.

2. 指数分布

(1) 定义：若随机变量 X 的密度函数为 $f(x)=\begin{cases}\lambda \mathrm{e}^{-\lambda x}, & x>0,\\ 0, & x\leqslant 0,\end{cases}$ 其中 $\lambda>0$ 为常数，则称 X 服从参数为 λ 上的指数分布，记为 $X\sim E(\lambda)$；

(2) 指数分布"无记忆性"：若 $X\sim E(\lambda)$，则 $P\{X>s+t\mid X>t\}=P\{X>s\}=\mathrm{e}^{-\lambda s}$.

3. 正态分布

(1) 定义：若随机变量 X 的密度函数为 $f(x)=\dfrac{1}{\sqrt{2\pi}\sigma}\mathrm{e}^{-\frac{(x-\mu)^2}{2\sigma^2}}$，则称 X 服从参数

为 μ,σ 的正态分布，记为 $X\sim N(\mu,\sigma^2)$；

(2) $f(x)=\frac{1}{\sqrt{2\pi}\sigma}e^{-\frac{(x-\mu)^2}{2\sigma^2}}$ 曲线关于 $x=\mu$ 对称，在 $x=\mu$ 处取得峰值 $\frac{1}{\sqrt{2\pi}\sigma}$.

4. 标准正态分布

(1) $N(0,1)$ 为标准正态分布，密度函数记为 $\varphi(x)=\frac{1}{\sqrt{2\pi}}e^{-\frac{x^2}{2}}$，分布函数为 $\Phi(x)=\int_{-\infty}^{x}\frac{1}{\sqrt{2\pi}}e^{-\frac{t^2}{2}}dt$；

(2) $\varphi(x)$ 为偶函数，$\Phi(-x)=1-\Phi(x)$；当 $x>0$ 时，$\Phi(x)$ 的值可以查表；

(3) 若 $X\sim N(\mu,\sigma^2)$，则 $Y=\frac{X-\mu}{\sigma}\sim N(0,1)$；$P\{a<X<b\}=\Phi(\frac{b-\mu}{\sigma})-\Phi(\frac{a-\mu}{\sigma})$.

【课前练习】

练习 1　已知 $X\sim U(-1,2)$，写出其概率密度函数.

练习 2　已知 $X\sim E(2)$，求其分布函数.

练习 3　设 $X\sim N(2,4)$，计算 $P\{1<X\leqslant 3\}$.

【课前练习答案】

练习 1　$f(x)=\begin{cases}\frac{1}{3}, & -1<x<2;\\ 0, & x\leqslant -1, x\geqslant 2.\end{cases}$

练习 2　因为 $f(x)=\begin{cases}2e^{-2x}, & x>0;\\ 0, & x\leqslant 0.\end{cases}$ $F(x)=\int_{-\infty}^{x}f(t)dt$，所以

当 $x\leqslant 0$ 时，$F(x)=\int_{-\infty}^{x}0dt=0$；

当 $x>0$ 时，$F(x)=\int_{-\infty}^{0}0\mathrm{d}t+\int_{0}^{x}2\mathrm{e}^{-2t}\mathrm{d}t=1-\mathrm{e}^{-2x}$.

练习 3 $P\{1<X\leqslant 3\}=P\{\frac{1-2}{2}<\frac{X-2}{2}\leqslant\frac{3-2}{2}\}$

$$=\Phi(\frac{1}{2})-\Phi(-\frac{1}{2})$$

$$=2\Phi(\frac{1}{2})-1\approx 2\times 0.69-1$$

$$=0.38.$$

【课堂练习】

练习 1 设 $X\sim U(-1,2)$，随机变量 Y 是 X 的函数，$Y=\begin{cases}1, & X<0,\\ 2, & X=0,\\ 3, & 0<X\leqslant 1,\\ 4, & 1<X<2.\end{cases}$ 试求 Y 的分布律和分布函数.

练习 2 某种型号的电灯泡使用时间(单位:h)为一随机变量 X，其概率密度函数为 $f(x)=\begin{cases}\frac{1}{5\,000}\mathrm{e}^{-\frac{x}{5\,000}}, & x>0,\\ 0, & x\leqslant 0,\end{cases}$ 求 3 个这种型号的电灯泡使用了 1 000 h 后至少有 2 个仍可继续使用的概率.

练习 3 设随机变量 X 服从正态分布 $X\sim N(108,3^2)$：

(1) 计算概率 $P\{102<X<117\}$；

(2) 求常数 a，使得 $P\{X<a\}=0.95$.

练习 4 对于标准正态分布 $x\sim N(0,1)$ 以及实数 $\alpha(0<\alpha<1)$，若实数 z_α 满足 $P\{X\geqslant z_\alpha\}=\alpha$，则称 z_α 为标准正态分布的上侧 α 分位点. 试用分位点表示满足 $P\{|X|<x\}=\alpha$ 的实数 x.

练习 5 已知 $X\sim N(\mu,4^2)$，$Y\sim N(\mu,5^2)$，记 $P\{X\geqslant\mu+4\}=p_1$，$P\{X\leqslant\mu-5\}=p_2$，试比较 p_1 和 p_2 的大小.

【课堂练习答案】

练习 1 Y 的可能取值为 1,2,3,4，取各个值的概率为：

$P\{Y=1\}=P\{-1<X<0\}=\dfrac{1}{3}$；

$P\{Y=2\}=P\{X=0\}=0$；

$P\{Y=3\}=P\{0<X\leqslant 1\}=\dfrac{1}{3}$；

$P\{Y=4\}=P\{1<X<2\}=\dfrac{1}{3}$.

由离散型随机变量的分布函数特点可得，随机变量 Y 的分布函数为：

$$F_Y(y)=\begin{cases}0, & y<1,\\ 1/3, & 1\leqslant y<3,\\ 2/3, & 3\leqslant y<4,\\ 1, & y\geqslant 4.\end{cases}$$

练习 2 $P\{X>1\,000\}=\displaystyle\int_{1\,000}^{+\infty}\frac{1}{5\,000}e^{-\frac{1}{5\,000}x}dx=e^{-\frac{1}{5}}$.

设 3 个这种型号的电灯泡使用了 1 000 h 后可继续使用的只数为随机变量 Y，则 $Y\sim b(3,e^{-\frac{1}{5}})$，所求概率为 $P\{Y\geqslant 2\}=C_3^2(e^{-\frac{1}{5}})^2(1-e^{-\frac{1}{5}})+C_3^3(e^{-\frac{1}{5}})^3=3e^{-\frac{2}{5}}-2e^{-\frac{3}{5}}$.

练习 3

(1) $P\{102<X<117\}=P\{\frac{102-108}{3}<\frac{X-108}{3}<\frac{117-108}{3}\}$

$=\Phi(3)-\Phi(-2)$

$=\Phi(3)+\Phi(2)-1$

$\approx 0.9987+0.9772-1=0.9759$,

(2) 因 $P\{X<a\}=\Phi(a)$，且 $\Phi(1.65)=0.95$，故 $\alpha=1.65$.

练习 4 由于标准正态分布密度函数为偶函数，可知对于任意的实数 x，有 $P\{X\geqslant x\}=P\{X\leqslant -x\}$.

由 $P\{|X|<x\}=\alpha$，可知 $1-\alpha=P\{|X|\geqslant x\}=P\{X\geqslant x\}+P\{X\leqslant -x\}$，利用前述性质可知 $2P\{X\geqslant x\}=1-\alpha$，故 $x=z_{\frac{1-\alpha}{2}}$.

练习 5 因为 $p_1=P\{X\geqslant\mu+4\}=P\{\frac{X-\mu}{4}\geqslant 1\}=1-\Phi(1)$,

$p_2=P\{X\leqslant\mu-5\}=P\{\frac{X-\mu}{5}\leqslant -1\}=\Phi(-1)=1-\Phi(1)$,

所以 $p_1=p_2$.

【课后拓展】

练习 1 已知 $X\sim N(\mu,\sigma^2)$，分布函数为 $F(x)$，则对于任意的 x 有(　　)成立.

(A) $F(x+\mu)=F(x-\mu)$　　(B) $F(\mu+x)=F(\mu-x)$

(C) $F(x+\mu)+F(x-\mu)=1$　　(D) $F(\mu+x)+F(\mu-x)=1$

练习 2 设随机变量 X 的密度函数为偶函数，其分布函数为 $F(x)$，则对于任意的 $a>0$，有 $P\{|X|>a\}=$__________.

【课后拓展简答】

练习 1 由于概率密度函数 $f(x)$ 关于 $x=\mu$ 对称，即 $f(\mu-x)=f(\mu+x)$；从而 $P\{\mu-x\leqslant X\leqslant\mu\}=P\{\mu\leqslant X\leqslant\mu+x\}$，即 $F(\mu)-F(\mu-x)=F(\mu+x)-F(\mu)$，整理得 $F(\mu+x)+F(\mu-x)=2F(\mu)$，又由 $f(x)$ 的对称性知 $F(\mu)=1/2$. 所以选项(D)正确.

练习 2 因 $P\{|X|>a\}=P\{X>a\}+P\{X<-a\}$，且由概率密度函数为偶函数知 $P\{X>a\}=P\{X<-a\}$，又 $P\{X>a\}=1-P\{X\leqslant a\}=1-F(a)$，所以 $P\{|X|>a\}=2(1-F(a))$.

第四节　区 间 估 计

知识点

1. 对于总体中的待估参数 θ,由样本 $X_1,X_2,\cdots,X_n$ 确定的两个统计量 $\underline{\theta}=\underline{\theta}(X_1,X_2,\cdots,X_n)$ 和 $\overline{\theta}=\overline{\theta}(X_1,X_2,\cdots,X_n)$ 使得 $P\{\underline{\theta}<\theta<\overline{\theta}\}=1-\alpha$,则称区间 $(\underline{\theta},\overline{\theta})$ 为 θ 的置信度为 $1-\alpha$ 的置信区间;$\underline{\theta}$ 为置信下限,$\overline{\theta}$ 为置信上限,$1-\alpha$ 为置信度.

2. 置信区间 $(\underline{\theta},\overline{\theta})$ 的长度 $\overline{\theta}-\underline{\theta}$ 为随机变量,它的数学期望反映了区间估计的精度.区间估计的置信度和精度是一对矛盾体,在实际应用中广泛接受的原则是在保证可靠度的前提下提高精度.

3. 寻求待估参数 θ 的置信区间的方法:(1) 寻求样本的函数 $g(X_1,X_2,\cdots,X_n,\theta)$,其中只有 θ 一个未知参数;(2) 给定置信水平 $1-\alpha$,找 a,b 使得 $P\{a<g(X_1,X_2,\cdots,X_n,\theta)<b\}=1-\alpha$;(3) 由 $a<g(X_1,X_2,\cdots,X_n,\theta)<b$ 解出等价不等式 $\underline{\theta}(X_1,X_2,\cdots,X_n)<\theta<\overline{\theta}(X_1,X_2,\cdots,X_n)$,则 $(\underline{\theta},\overline{\theta})$ 为 θ 的一个置信度为 $1-\alpha$ 的置信区间.

4. 设总体 $X\sim N(\mu,\sigma^2)$,方差 σ^2 已知,$X_1,X_2,\cdots,X_n$ 为一个简单随机样本,则 μ 的置信度为 $1-\alpha$ 的一个置信区间为 $\left(\overline{X}-\frac{\sigma}{\sqrt{n}}z_{\alpha/2},\overline{X}+\frac{\sigma}{\sqrt{n}}z_{\alpha/2}\right)$,简记为 $\left(\overline{X}\pm\frac{\sigma}{\sqrt{n}}z_{\alpha/2}\right)$.

推导过程如下:

(1) 估计 μ,首先考虑样本均值 $\overline{X}$.

(2) 因为 $\frac{\overline{X}-\mu}{\sigma/\sqrt{n}}\sim N(0,1)$,故 $P\left\{-z_{\alpha-\beta}<\frac{\overline{X}-\mu}{\sigma/\sqrt{n}}<z_{\beta}\right\}=1-\alpha$,其中 $0<\beta<\alpha<1$.再考虑到精度,当 $\beta=\alpha/2$ 时,区间长度最短;由不等式 $-z_{\alpha/2}\leqslant\frac{\overline{X}-\mu}{\sigma/\sqrt{n}}\leqslant z_{\alpha/2}$ 解得等价的不等式 $\overline{X}-\frac{\sigma}{\sqrt{n}}z_{\alpha/2}<\mu<\overline{X}+\frac{\sigma}{\sqrt{n}}z_{\alpha/2}$.

5. 设总体 $X\sim N(\mu,\sigma^2)$，方差 σ^2 未知，$X_1,X_2,\cdots,X_n$ 为一个简单随机样本，则 μ 的置信度为 $1-\alpha$ 的一个置信区间为 $(\bar{X}\pm\frac{S}{\sqrt{n}}t_{\alpha/2}(n-1))$.

6. 设总体 $X\sim N(\mu,\sigma^2)$，$X_1,X_2,\cdots,X_n$ 为一个简单随机样本，则 σ^2 的置信度为 $1-\alpha$ 的一个置信区间为 $(\frac{(n-1)S^2}{\chi^2_{\alpha/2}(n-1)},\frac{(n-1)S^2}{\chi^2_{1-\alpha/2}(n-1)})$. 注，此时的置信区间精度不一定最高.

7. 设总体 $X\sim N(\mu_1,\sigma_1^2)$，$Y\sim N(\mu_2,\sigma_2^2)$，方差 σ_1^2,σ_2^2 均已知，$X_1,X_2,\cdots,X_{n_1}$ 与 $Y_1,Y_2,\cdots,Y_{n_2}$ 分别为来自总体 X 和 Y 的简单随机样本，则 $\mu_1-\mu_2$ 的置信度为 $1-\alpha$ 的一个置信区间为 $(\bar{X}-\bar{Y}\pm\sqrt{\frac{\sigma_1^2}{n_1}+\frac{\sigma_2^2}{n_2}}z_{\alpha/2})$.

8. 设总体 $X\sim N(\mu_1,\sigma_1^2)$，$Y\sim N(\mu_2,\sigma_2^2)$，方差 $\sigma_1^2=\sigma_2^2$ 未知，$X_1,X_2,\cdots,X_{n_1}$ 与 $Y_1,Y_2,\cdots,Y_{n_2}$ 分别为来自总体 X 和 Y 的简单随机样本，则 $\mu_1-\mu_2$ 的置信度为 $1-\alpha$ 的一个置信区间为 $(\bar{X}-\bar{Y}\pm S_w\sqrt{\frac{1}{n_1}+\frac{1}{n_2}}t_{\alpha/2}(n_1+n_2-2))$，其中 $S_\omega=\sqrt{\frac{(n_1-1)S_1^2+(n_2-1)S_2^2}{n_1+n_2-2}}$.

9. 设总体 $X\sim N(\mu_1,\sigma_1^2)$，$Y\sim N(\mu_2,\sigma_2^2)$，$X_1,X_2,\cdots,X_{n_1}$ 与 $Y_1,Y_2,\cdots,Y_{n_2}$ 分别是来自总体 X 和 Y 的简单随机样本，则 σ_1^2/σ_2^2 的置信度为 $1-\alpha$ 的一个置信区间为 $(\frac{S_1^2}{S_2^2}\frac{1}{F_{\alpha/2}(n_1-1,n_2-1)},\frac{S_1^2}{S_2^2}\frac{1}{F_{1-\alpha/2}(n_1-1,n_2-1)})$.

【课前练习】

练习 1　如何理解置信区间和置信度. 它们之间的关系是什么？置信区间的可靠度和精度分别用什么来反映，它们之间的关系是什么？

练习 2　对于方差已知的正态总体 $X\sim N(\mu,\sigma^2)$ 来说，问需要抽取容量 n 为多大的样本，可使总体均值 μ 的置信水平为 $1-\alpha$ 的置信区间的长度不大于 l？

练习 3　对于方差未知的正态总体 $X\sim N(\mu,\sigma^2)$ 来说，问需要抽取容量 n 为多大的样本，可使总体均值 μ 的置信水平为 $1-\alpha$ 的置信区间的长度不大于 l？

【课前练习答案】

练习 1　区间$(\underline{\theta},\overline{\theta})$为$\theta$的置信度为95%的置信区间表明，在100次抽样，利用样本值得到的100个置信区间中大约有95个包含参数θ；置信区间的可靠度表示为置信度$1-\alpha$，$1-\alpha$越大，置信度越大；置信区间的精度用区间的长度来反映，区间长度越短，精度越高；置信度与精度之间是一对矛盾体，高置信度意味着低精度，高精度意味着低置信度.

练习 2　设总体$X\sim N(\mu,\sigma^2)$，方差σ^2已知，$X_1,X_2,\cdots,X_n$为一个简单随机样本，则μ的置信度为$1-\alpha$的一个置信区间为$(\overline{X}-\frac{\sigma}{\sqrt{n}}z_{\alpha/2},\overline{X}+\frac{\sigma}{\sqrt{n}}z_{\alpha/2})$，置信区间的长度为$\frac{2\sigma}{\sqrt{n}}z_{\alpha/2}$，从而当样本容量$n\geqslant(\frac{2\sigma}{l}z_{\alpha/2})^2$时，区间的长度不超过$l$.

练习 3　设总体$X\sim N(\mu,\sigma^2)$，方差σ^2未知，$X_1,X_2,\cdots,X_n$为一个简单随机样本，则μ的置信度为$1-\alpha$的一个置信区间为$(\overline{X}-\frac{S}{\sqrt{n}}t_{\alpha/2}(n-1),\overline{X}+\frac{S}{\sqrt{n}}t_{\alpha/2}(n-1))$，置信区间的长度为$\frac{2S}{\sqrt{n}}t_{\alpha/2}(n-1)$，从而当样本容量$n\geqslant(\frac{2S}{l}t_{\alpha/2}(n-1))^2$时，区间的长度不超过$l$.

【课堂练习】

练习 1　已知5～6岁的幼儿身高服从正态分布$X\sim N(\mu,7^2)$，现从该年龄的幼儿中随机地抽查了9人，其身高分别为：115，120，131，115，109，115，115，105，110(单位：cm). 试求总体均值μ的置信度为95%的置信区间.

练习 2　从一批零件中抽取16个零件，测得它们的直径(单位：mm)如下：

12.15	12.12	12.01	12.08	12.09	12.16	12.03	12.01
12.06	12.13	12.07	12.11	12.08	12.01	12.03	12.06

这批零件的直径服从正态分布$X\sim N(\mu,\sigma^2)$，求：零件直径的均值μ的置信水平为0.95的置信区间；零件直径的方差σ^2的置信水平为0.99的置信区间.

练习 3 为了估计磷肥对某种农作物增产的作用，现选 20 块条件大致相同的土地，10 块不施磷肥，另外 10 块施磷肥，得亩产量(单位:kg)如下：

不施磷肥：560 590 560 570 580 570 600 550 570 550

施磷肥：620 570 650 600 630 580 570 600 600 580

设亩产量均服从正态分布.

(1) 若它们的方差相同，求平均亩产量之差的置信水平为 0.95 的置信区间；

(2) 求两总体方差比的置信水平为 0.95 的置信区间.

【课堂练习答案】

练习 1 幼儿身高服从正态分布，且方差已知，因此均值的置信度为 $1-\alpha$ 的一个置信区间为$\left(\overline{X}-\frac{\sigma}{\sqrt{n}}z_{\alpha/2},\overline{X}+\frac{\sigma}{\sqrt{n}}z_{\alpha/2}\right)$. 已知 $n=9$，$\sigma=7$，利用样本值计算得 $\overline{x}=115$，查表得 $z_{0.025}=1.96$，代入计算得置信区间为(110.43,119.57).

练习 2 零件直径服从正态分布，且方差未知，因此均值的置信度为 $1-\alpha$ 的一个置信区间为$\left(\overline{X}-\frac{S}{\sqrt{n}}t_{\alpha/2}(n-1),\overline{X}+\frac{S}{\sqrt{n}}t_{\alpha/2}(n-1)\right)$. 已知 $n=16$，利用样本值计算得 $\overline{x}=12.075$，样本标准差 $s=0.049$，查表得 $t_{0.025}(15)=2.132$，代入计算得置信区间为(12.05,12.10).

零件直径的方差 σ^2 的置信度为 $1-\alpha$ 的一个置信区间为$\left(\frac{(n-1)S^2}{\chi^2_{\alpha/2}(n-1)},\frac{(n-1)S^2}{\chi^2_{1-\alpha/2}(n-1)}\right)$. 查表知 $\chi^2_{0.005}(15)=32.801$，$\chi^2_{0.995}(15)=4.601$，代入计算得置信区间为(0.001,0.008).

练习 3 设不施磷肥和施磷肥的农作物的亩产量分别服从正态分布 $X\sim N(\mu_1,{\sigma_1}^2)$，$Y\sim N(\mu_2,{\sigma_2}^2)$.

(1) 若两个总体的方差相等，则 $\mu_1-\mu_2$ 的置信度为 $1-\alpha$ 的一个置信区间为$\left(\overline{X}-\overline{Y}\pm S_w\sqrt{\frac{1}{n_1}+\frac{1}{n_2}}t_{\alpha/2}(n_1+n_2-2)\right)$，其中 $S_\omega=\sqrt{\frac{(n_1-1)S_1^2+(n_2-1)S_2^2}{n_1+n_2-2}}$. 经计算得，$\overline{x}=570$，$\overline{y}=600$，样本标准差 $s_1^2=266.67$，$s_1^2=711.11$，从而 $s_\omega=22.11$ 查表得

$t_{0.025}(18)=2.1$，代入计算得置信区间为$(-50.76,-9.24)$.

(2) $\sigma_1{}^2/\sigma_2{}^2$ 的置信度为 $1-\alpha$ 的一个置信区间为$\left(\dfrac{S_1^2}{S_2^2}\dfrac{1}{F_{\alpha/2}(n_1-1,n_2-1)},\dfrac{S_1^2}{S_2^2}\dfrac{1}{F_{1-\alpha/2}(n_1-1,n_2-1)}\right)$，查表得 $F_{0.025}(9,9)=4.03$，进而 $F_{0.975}(9,9)=\dfrac{1}{4.03}$，代入得置信区间为$(0.09,1.511)$.

【课后拓展】

练习 1　设 $X_1,X_2,\cdots,X_n$ 为抽自指数分布总体的样本，试求其参数 λ 的置信水平为 0.98 的区间估计.

【课后拓展简答】

练习 1　样本均值 $\bar{X}=\dfrac{1}{n}(X_1+X_2+\cdots+X_n)$，其期望和方差分别为 $E\bar{X}=\dfrac{1}{\lambda}$，$D\bar{X}=\dfrac{1}{n\lambda^2}$，由独立同分布的中心极限定理知 $\bar{X}$ 近似服从正态分布 $N\left(\dfrac{1}{\lambda},\dfrac{1}{n\lambda^2}\right)$，从而有 $P\left\{-z_{\alpha/2}<\dfrac{\bar{X}-\dfrac{1}{\lambda}}{\dfrac{1}{\lambda\sqrt{n}}}<z_{\alpha/2}\right\}=1-\alpha$，等价的，$P\left\{\dfrac{1-\dfrac{z_{\alpha/2}}{\sqrt{n}}}{\bar{X}}<\lambda<\dfrac{1+\dfrac{z_{\alpha/2}}{\sqrt{n}}}{\bar{X}}\right\}=1-\alpha$. 又查表得 $z_{0.01}=2.33$，因此$\left(\dfrac{1-\dfrac{2.33}{\sqrt{n}}}{\bar{X}},\dfrac{1+\dfrac{2.33}{\sqrt{n}}}{\bar{X}}\right)$为参数 λ 的置信水平为 0.98 的置信区间.

第四章　高等数学中翻转课堂的案例

第一节　数列的极限

知识点

1. 数列极限的定义：

(1) $\lim\limits_{n\to\infty}x_n=a$ 是指对于任意给定的 $\varepsilon>0$，总存在正整数 N，使得当 $n>N$ 时，不等式 $|x_n-a|<\varepsilon$ 都成立. 这时称数列 $\{x_n\}$ 收敛于 a，否则称数列发散.

(2) 在这个定义中需要注意 ε 的任意性和 N 的存在性.

(3) 从定义出发证明 $\lim\limits_{n\to\infty}x_n=a$ 需要对任意给定的 $\varepsilon>0$，从不等式 $|x_n-a|<\varepsilon$ 出发导出一个不等式 $n>\varphi(\varepsilon)$（一个与 ε 有关的很大的数），然后取 $N=[\varphi(\varepsilon)]$ 即可.

2. 数列极限的性质：

(1) 唯一性：如果数列 $\{x_n\}$ 收敛，则其极限唯一；

(2) 有界性：如果数列 $\{x_n\}$ 收敛，则 $\{x_n\}$ 有界；

(3) 保号性：如果 $\lim\limits_{n\to\infty}x_n=a>0$，则存在 N，使得当 $n>N$ 时，都有 $x_n>0$.

3. 数列收敛的两个准则：

(1) 夹逼准则：如果 $y_n\leqslant x_n\leqslant z_n$，且 $\lim\limits_{n\to\infty}y_n=a$，$\lim\limits_{n\to\infty}z_n=a$，则有 $\lim\limits_{n\to\infty}x_n=a$.

(2) 单调有界准则：单调有界的数列必有极限.

4. 数列极限的运算法则：如果 $\lim\limits_{n\to\infty}x_n=a$，$\lim\limits_{n\to\infty}y_n=b$，则有：

(1) $\lim\limits_{n\to\infty} x_n \pm y_n = a \pm b$,

(2) $\lim\limits_{n\to\infty} kx_n = ka$($k$ 为常数),

(3) $\lim\limits_{n\to\infty} x_n y_n = ab$,

(4) $\lim\limits_{n\to\infty} \dfrac{x_n}{y_n} = \dfrac{a}{b}(b \neq 0)$.

【课前练习】

练习 1　设 $x_n = \dfrac{n}{n+1}$,对于表中的 ε,求正整数 N,使得当 $n > N$ 时,$|x_n - 1| < \varepsilon$.

ε	0.1	0.01	0.001	0.000 1	0.000 01	0.000 001
N						

练习 2　设 $x_n = \dfrac{1}{n-1}\sin n$,对于表中的 ε,求正整数 N,使得当 $n > N$ 时,$|x_n| < \varepsilon$.

ε	0.1	0.01	0.001	0.000 1	0.000 01	0.000 001
N						

【课前练习答案】

练习 1

ε	0.1	0.01	0.001	0.000 1	0.000 01	0.000 001
N	9	99	999	9 999	99 999	999 999

练习 2

ε	0.1	0.01	0.001	0.000 1	0.000 01	0.000 001
N	11	101	1 001	10 001	100 001	1 000 001

【课堂练习】

练习 1　用数列极限的定义证明 $\lim\limits_{n\to\infty} \dfrac{n^2 - 1}{n^2 + 1} = 1$.

练习 2 设函数 $f(x)=a^x(a>0,a\neq 1)$，求极限 $\lim\limits_{n\to\infty}\frac{1}{n^2}\ln[f(1)f(2)\cdots f(n)]$.

练习 3 设数列 $\{a_n\}$ 满足 $a_1=100$，$a_{n+1}=\sqrt{5+a_n}$，求它的极限.

【课堂练习答案】

练习 1 证明:对于给定的 $\varepsilon>0$，要使不等式

$$|x_n-1|=\left|\frac{n^2-1}{n^2+1}-1\right|=\frac{2}{n^2+1}\leqslant\frac{2}{n^2}<\varepsilon$$

成立，只要 $n>\sqrt{\frac{2}{\varepsilon}}$. 于是对于给定的 $\varepsilon>0$，取 $N=\left[\sqrt{\frac{2}{\varepsilon}}\right]$，使得当 $n>N$ 时，不等式 $|x_n-1|<\varepsilon$ 都成立，所以 $\lim\limits_{n\to\infty}\frac{n^2-1}{n^2+1}=1$.

练习 2

$$\begin{aligned}\lim_{n\to\infty}\frac{1}{n^2}\ln[f(1)f(2)\cdots f(n)]&=\lim_{n\to\infty}\frac{1}{n^2}\ln[a^1a^2\cdots a^n]\\&=\lim_{n\to\infty}\frac{1}{n^2}\ln a^{\frac{n(n+1)}{2}}=\lim_{n\to\infty}\frac{n(n+1)}{2}\cdot\frac{1}{n^2}\ln a=\frac{1}{2}\ln a.\end{aligned}$$

练习 3 首先假定 $\lim\limits_{n\to\infty}a_n=a$，则对递归方程取极限得 $a=\sqrt{5+a}$. 由此得方程的正根 $a=\frac{1}{2}(1+\sqrt{21})$.

以下证明数列 $\{a_n\}$ 单调有界，用归纳法.

$a_1=100>a_2=\sqrt{5+100}>\frac{1}{2}(1+\sqrt{21})=a$.

若 $a_n\geqslant\frac{1}{2}(1+\sqrt{21})$，那么

$$a_{n+1}=\sqrt{5+a_n}\geqslant\sqrt{5+\frac{1}{2}(1+\sqrt{21})}=\sqrt{\left[\frac{1}{2}(1+\sqrt{21})\right]^2}=\frac{1}{2}(1+\sqrt{21}).$$

即对一切 a_n 都有 $a_n\geqslant a$. 由于

$$a_{n+1}-a_n=\sqrt{5+a_n}-a_n=\frac{5+a_n-a_n^2}{\sqrt{5+a_n}+a_n},$$

而 $5+a_n-a_n^2=-\left(a_n-\frac{1-\sqrt{21}}{2}\right)\left(a_n-\frac{1+\sqrt{21}}{2}\right)$.

从前面已证出的 $a_n \geqslant a=\frac{1}{2}(1+\sqrt{21})$ 可知，$5+a_n-a_n^2 \leqslant 0$，

即 $a_{n+1}-a_n \leqslant 0$. 故数列 $\{a_n\}$ 单调下降，且有下界 $\frac{1}{2}(1+\sqrt{21})$，从而 $\lim\limits_{n \to \infty} a_n$ 存在，且 $\lim\limits_{n \to \infty} a_n=\frac{1}{2}(1+\sqrt{21})$.

【课后拓展】

练习 1　设 $\{a_n\}$，$\{b_n\}$，$\{c_n\}$ 均为非负数列，且 $\lim\limits_{n \to \infty} a_n=0$，$\lim\limits_{n \to \infty} b_n=1$，$\lim\limits_{n \to \infty} c_n=\infty$，则必有(　　).

(A) $a_n<b_n$ 对任意 n 成立　　(B) $b_n<c_n$ 对任意 n 成立.

(C) $\lim\limits_{n \to \infty} a_n c_n$ 不存在　　(D) $\lim\limits_{n \to \infty} b_n c_n$ 不存在

练习 2　用数列的定义证明 $\lim\limits_{n \to +\infty} \sqrt[n]{n}=1$.

练习 3　设 $x_1=10$，$x_{n+1}-\sqrt{6+x_n}$ $(n-1,2,3,\cdots)$，试证数列 $\{x_n\}$ 极限存在，并求此极限.

练习 4　求极限 $\lim\limits_{n \to \infty}\left(\frac{1}{n^2+n+1}+\frac{2}{n^2+n+2}+\cdots+\frac{n}{n^2+n+n}\right)$.

【课后拓展简答】

练习 1　答案 (D).

排除法：令 $a_n=\frac{1}{n}$，$b_n=\frac{n}{n+1}$，$c_n=\frac{1}{3}n$. 显然，以上 $\{a_n\}$，$\{b_n\}$，$\{c_n\}$ 满足题设条

件，但 $a_1=1,b_1=\frac{1}{2}$，从而 $a_1>b_1$，故(A)不正确．又 $b_1=\frac{1}{2},c_1=\frac{1}{3},b_1>c_1$，故(B)也不正确．$\lim\limits_{n\to\infty}a_nc_n=\lim\limits_{n\to\infty}\left(\frac{1}{n}\cdot\frac{1}{3}n\right)=\frac{1}{3}$，故(C)也不正确．由排除法知，应选(D)．

练习 2　证明：令 $\sqrt[n]{n}-1=h_n$，则

$$n=(1+h_n)^n=1+nh_n+\frac{n(n-1)}{2!}h_n^2+\cdots+h_n^n>\frac{n(n-1)}{2}h_n^2(n>2).$$

注意到，当 $n>2$ 时，$n-1>\frac{n}{2}$，于是 $n>\frac{n^2}{4}h_n^2$ 或 $h_n<\frac{2}{\sqrt{n}}$，也就是 $\sqrt[n]{n}-1<\frac{2}{\sqrt{n}}<\varepsilon$，故对 $\forall\varepsilon>0$，取 $N=\max\left\{2,\frac{4}{\varepsilon^2}\right\}$，当 $n>N$ 时，便有

$$\left|\sqrt[n]{n}-1\right|=h_n<\frac{2}{\sqrt{n}}<\varepsilon,$$

所以

$$\lim_{n\to+\infty}\sqrt[n]{n}=1.$$

练习 3　由数列的初值及递推关系式显然有 $x_n>0$，所以 $x_{n+1}=\sqrt{6+x_n}>\sqrt{6}>2$，这表明数列 x_n 有下界，又

$$x_{n+1}-x_n=\sqrt{6+x_n}-x_n=-\frac{(x_n-2)(x_n+3)}{\sqrt{6+x_n}+x_n}<0,$$

所以数列 x_n 单调减．于是根据单调有界准则，数列 x_n 有极限．设极限为 a，则对递推公式取极限有 $a=\sqrt{6+a}$，即 $a=3$，故 $\lim\limits_{n\to\infty}x_n=3$（$-2$ 与题意不符，舍去）．

练习 4　令

$$x_n=\frac{1}{n^2+n+1}+\frac{2}{n^2+n+2}+\cdots+\frac{n}{n^2+n+n},$$

则

$$\frac{1+2+\cdots+n}{n^2+n+n}<x_n<\frac{1+2+\cdots+n}{n^2+n+1},$$

而

$$\lim_{n\to\infty}\frac{1+2+\cdots+n}{n^2+n+n}=\lim_{n\to\infty}\frac{\frac{1}{2}n(n+1)}{n^2+n+n}=\frac{1}{2},\lim_{n\to\infty}\frac{1+2+\cdots+n}{n^2+n+1}=\lim_{n\to\infty}\frac{\frac{1}{2}n(n+1)}{n^2+n+1}=\frac{1}{2}.$$

由夹逼定理得

$$\lim_{n\to\infty}\left(\frac{1}{n^2+n+1}+\frac{2}{n^2+n+2}+\cdots+\frac{n}{n^2+n+n}\right)=\frac{1}{2}.$$

第二节　函数的极限

知识点

1．函数极限的定义：

（1）函数的极限共有以下 6 种情况，列在表中．

<table>
<tr><th>极限</th><th>对任意的</th><th>都存在</th><th>当……时</th><th>成立</th></tr>
<tr><td>$\lim\limits_{x\to x_0} f(x)=A$</td><td rowspan="6">$\varepsilon>0$</td><td rowspan="3">$\delta>0$</td><td>$0<|x-x_0|<\delta$</td><td rowspan="6">$|f(x)-A|<\varepsilon$</td></tr>
<tr><td>$\lim\limits_{x\to x_0^+} f(x)=A$</td><td>$0<x-x_0<\delta$</td></tr>
<tr><td>$\lim\limits_{x\to x_0^-} f(x)=A$</td><td>$-\delta<x-x_0<0$</td></tr>
<tr><td>$\lim\limits_{x\to\infty} f(x)=A$</td><td rowspan="3">$X>0$</td><td>$|x|>X$</td></tr>
<tr><td>$\lim\limits_{x\to+\infty} f(x)=A$</td><td>$x>X$</td></tr>
<tr><td>$\lim\limits_{x\to-\infty} f(x)=A$</td><td>$x<-X$</td></tr>
</table>

（2）在这个定义中需要注意 ε 的任意性和 δ，X 的存在性．

（3）从定义出发证明需要对任意给定的 $\varepsilon>0$，从不等式 $|f(x)-A|<\varepsilon$ 出发导出一个不等式 $|x-x_0|<\varphi(\varepsilon)$（一个与 ε 有关的很小的数），然后取 $\delta=\varphi(\varepsilon)$ 即可．其他情形函数极限的证明类似．

2．函数极限的性质：

只对 $\lim\limits_{x\to x_0} f(x)=A$ 给出，其余情形类似．

（1）唯一性：如果 $\lim\limits_{x\to x_0} f(x)=A$，则其极限唯一；

(2) 有界性：如果 $\lim\limits_{x \to x_0} f(x) = A$，则函数在 x_0 的某个去心邻域有界；

(3) 保号性：如果 $\lim\limits_{x \to x_0} f(x) = A > 0$，则函数在 x_0 的某个去心邻域内 $f(x) > 0$.

【课前练习】

练习 1 设 $f(x) = x^2$，对于表中的 ε，求 δ，使得当 $0 < |x-2| < \delta$ 时，$|f(x)-4| < \varepsilon$.

ε	0.1	0.01	0.001	0.000 1	0.000 01	0.000 001
δ						

练习 2 设 $f(x) = \dfrac{x^2-1}{2x^2+x+1}$，对于表中的 ε，求 X，使得当 $|x| > X$ 时，$\left|f(x) - \dfrac{1}{2}\right| < \varepsilon$.

ε	0.1	0.01	0.001	0.000 1	0.000 01	0.000 001
X						

【课前练习答案】

练习 1

ε	0.1	0.01	0.001	0.000 1	0.000 01	0.000 001
δ	0.02	0.002	0.000 2	0.000 02	0.000 002	0.000 000 2

练习 2

ε	0.1	0.01	0.001	0.000 1	0.000 01	0.000 001
X	11	101	1 001	10 001	100 001	1 000 001

【课堂练习】

练习 1 用函数极限的定义证明 $\lim\limits_{x \to 3} \dfrac{2x^2-18}{x+3} = 0$.

练习 2 用函数极限的定义证明 $\lim\limits_{x \to +\infty} (\cos\sqrt{x+1} - \cos\sqrt{x}) = 0$

【课堂练习答案】

练习 1　证明：对任意给定的 $\varepsilon>0$，要使 $\left|\frac{2x^2-18}{x+3}-0\right|<\varepsilon$，则

$$\left|\frac{2x^2-18}{x+3}-0\right|=\left|\frac{2(x+3)(x-3)}{x+3}\right|=2|x-3|<\varepsilon.$$

即：$|x-3|<\frac{\varepsilon}{2}$. 所以对任意给定的 $\varepsilon>0$，取 $\delta=\frac{\varepsilon}{2}$，当 $0<|x-3|<\delta$ 时，不等式 $\left|\frac{2x^2-18}{x+3}-0\right|<\varepsilon$ 成立，于是 $\lim\limits_{x\to 3}\frac{2x^2-18}{x+3}=0$.

练习 2　证明：对任意给定的 $\varepsilon>0$，考察

$$\left|\cos\sqrt{x+1}-\cos\sqrt{x}-0\right|=2\left|\sin\frac{\sqrt{x+1}+\sqrt{x}}{2}\cdot\sin\frac{\sqrt{x+1}-\sqrt{x}}{2}\right|$$

$$\leqslant 2\left|\sin\frac{\sqrt{x+1}-\sqrt{x}}{2}\right|,$$

而当 x 充分大时，

$$\left|\sin\frac{\sqrt{x+1}-\sqrt{x}}{2}\right|=\left|\sin\frac{1}{2\sqrt{x+1}+\sqrt{x}}\right|\leqslant\frac{1}{2(\sqrt{x+1}+\sqrt{x})}\leqslant\frac{1}{4\sqrt{x}}<\varepsilon,$$

即 $x>\frac{1}{4\varepsilon^2}$. 所以对任意给定的 $\varepsilon>0$，取 $X=\frac{1}{4\varepsilon^2}$，当 $x>X$ 时，不等式 $\left|(\cos\sqrt{x+1}-\cos\sqrt{x})-0\right|<\varepsilon$ 成立，于是 $\lim\limits_{x\to+\infty}(\cos\sqrt{x+1}-\cos\sqrt{x})=0$.

【课后拓展】

练习 1　用函数极限的定义证明 $\lim\limits_{x\to 3}(x^2+1)=10$.

【课后拓展简答】

练习 1　证明：对任意给定的 $\varepsilon>0$，考虑 $|x^2+1-10|=|x+3||x-3|<\varepsilon$. 限定 $\delta\leqslant 1$，则有 $|x-3|<1$，从而 $|x+3|<7$，于是

$$|x^2+1-10|\leqslant 7|x-3|<\varepsilon,\ 即：|x-3|<\frac{\varepsilon}{7}.$$

所以对任意给定的 $\varepsilon>0$，取 $\delta=\min\{\frac{\varepsilon}{7},1\}$，当 $0<|x-3|<\delta$ 时，不等式 $|x^2+1-10|<\varepsilon$ 成立，于是 $\lim\limits_{x\to 3}(x^2+1)=10$.

第三节　无穷小与无穷大

知识点

1. 无穷小的定义：无穷小就是在自变量的某个变化过程中以零为极限的函数或者变量.

2. 无穷小的性质：

(1) $\lim\limits_{x\to x_0}f(x)=A\Leftrightarrow f(x)=A+\alpha$，其中 α 是无穷小；

(2) 两个无穷小的和(差)仍是无穷小；

(3) 有限个无穷小的乘积仍为无穷小；

(4) 有界函数与无穷小的乘积仍为无穷小.

3. 无穷大的定义：设函数 $f(x)$ 在 x_0 的某去心邻域有定义. 如果对于任意给定的 M，总存在正数 δ，当 $0<|x-x_0|<\delta$ 时有 $|f(x)|>M$，则称函数 $f(x)$ 为当 $x\to x_0$ 时的无穷大，记为 $\lim\limits_{x\to x_0}f(x)=\infty$.

4. 无穷大与无界的关系：无穷大必无界，但无界未必是无穷大.

5. 无穷大与无穷小的关系：

(1) 无穷大的倒数是无穷小：$\lim\limits_{x\to x_0}f(x)=\infty\Rightarrow\lim\limits_{x\to x_0}\dfrac{1}{f(x)}=0$；

(2) 无穷小的倒数是无穷大：$\lim\limits_{x\to x_0}f(x)=0,(f(x)\neq 0)\Rightarrow\lim\limits_{x\to x_0}\dfrac{1}{f(x)}=\infty$.

【课前练习】

练习 1　两个无穷小的商是否是无穷小？请举例说明.

练习 2　两个无穷大的和是否是无穷大？请举例说明.

【课前练习答案】

练习 1　两个无穷小的商不一定是无穷小. 例如：当 $x\to 0$ 时，x 与 $2x$ 都是无穷小，但是$\lim\limits_{x\to 0}\dfrac{x}{2x}=\dfrac{1}{2}$，所以它们的商不是无穷小；再如当 $x\to 0$ 时，x 与 x^2 都是无穷小，但是$\lim\limits_{x\to 0}\dfrac{x}{x^2}=\infty$，它们的商是无穷大，也不是无穷小.

练习 2　两个正无穷大的和是正无穷大，两个负无穷大的和是负无穷大，但是一个正无穷大和一个负无穷大的和不一定是无穷大，例如当 $x\to\infty$时，x 与 $-x$ 都是无穷大，但是其和为零.

【课堂练习】

练习 1　计算极限$\lim\limits_{n\to\infty}\dfrac{\sqrt[3]{n^2}}{n-1}\cos(n!)$.

练习 2　证明 $f(x)=\dfrac{1}{x}\sin\dfrac{1}{x}$是 $x\to 0$ 时是无界但不是无穷大.

【课堂练习答案】

练习 1　首先，说明$\dfrac{\sqrt[3]{n^2}}{n-1}$是无穷小，其次$|\cos(n!)|\leqslant 1$，利用无穷小与有界变量的乘积是无穷小，得$\lim\limits_{n\to\infty}\dfrac{\sqrt[3]{n^2}}{n-1}\cos(n!)=0$.

练习 2　取点列 $x_n=\dfrac{1}{2n\pi+\dfrac{1}{2}\pi}$，则当 $n\to\infty$时 $x_n\to 0$，而 $f(x_n)=2n\pi+\dfrac{1}{2}\pi$，故而无界. 再取 $x_n=\dfrac{1}{n\pi}$，则当 $n\to\infty$时 $x_n\to 0$，而 $f(x_n)=0$，故而不是无穷大.

【课后拓展】

练习 1 证明 $f(x)=x\sin x$ 是 $x\to\infty$ 时是无界但不是无穷大.

【课后拓展简答】

练习 1 取点列 $x_n=2n\pi+\frac{1}{2}\pi$,则当 $n\to\infty$ 时 $x_n\to\infty$,而 $f(x_n)=2n\pi+\frac{1}{2}\pi$,故而无界.再取 $x_n=n\pi$,则当 $n\to\infty$ 时 $x_n\to\infty$,而 $f(x_n)=0$,故而不是无穷大.

第四节 极限的运算法则

知识点

1. 极限的运算法则:若极限 $\lim\limits_{x\to x_0}f(x)=A$,$\lim\limits_{x\to x_0}g(x)=B$,则

(1) $\lim\limits_{x\to x_0}f(x)\pm g(x)=A\pm B$;

(2) $\lim\limits_{x\to x_0}kf(x)=kA$ (k 为常数);

(3) $\lim\limits_{x\to x_0}f(x)g(x)=AB$;

(4) $\lim\limits_{x\to x_0}\dfrac{f(x)}{g(x)}=\dfrac{A}{B}$ $(B\neq 0)$.

2. 两个重要的极限:

(1) $\lim\limits_{x\to 0}\dfrac{\sin x}{x}=1$;

(2) $\lim\limits_{x\to\infty}\left(1+\dfrac{1}{x}\right)^x=\mathrm{e}$.

【课前练习】

练习 1 求 $\lim\limits_{x\to 1}\left(\dfrac{2}{x^2-1}-\dfrac{3}{x^3-1}\right)$.

练习 2　求$\lim\limits_{x\to 0}\dfrac{\sin x+x^2\sin\dfrac{1}{x}}{(1+\cos x)\ln(1+x)}$.

练习 3　设 a 是非零常数,求极限$\lim\limits_{x\to\infty}\left(\dfrac{x+a}{x-a}\right)^x$.

【课前练习答案】

练习 1

$$\text{原式}=\lim_{x\to 1}\left(\frac{2}{(x+1)(x-1)}-\frac{3}{(x-1)(x^2+x+1)}\right)$$

$$=\lim_{x\to 1}\frac{2x^2-x-1}{(x+1)(x-1)(x^2+x+1)}$$

$$=\lim_{x\to 1}\frac{(2x+1)(x-1)}{(x+1)(x-1)(x^2+x+1)}$$

$$=\lim_{x\to 1}\frac{2x+1}{(x+1)(x^2+x+1)}=\frac{1}{2}$$

练习 2

$$\text{原式}=\lim_{x\to 0}\frac{1}{1+\cos x}\cdot\frac{\sin x+x^2\sin\dfrac{1}{x}}{x}\cdot\frac{x}{\ln(1+x)}$$

$$=\lim_{x\to 0}\frac{1}{1+\cos x}\cdot\lim_{x\to 0}\left(\frac{\sin x}{x}+x\sin\frac{1}{x}\right)\cdot\lim_{x\to 0}\frac{x}{\ln(1+x)}=\frac{1}{2}.$$

练习 3　本题有多种解法:

[解法一]

$$\lim_{x\to\infty}\left(\frac{x+a}{x-a}\right)^x=\lim_{x\to\infty}\left[1+\left(\frac{2a}{x-a}\right)^{\frac{x-a}{2a}}\right]^{\frac{2ax}{x-a}}=\mathrm{e}^{2a}\,(a\neq 0).$$

当 $a=0$ 时, $\lim\limits_{x\to\infty}\left(\dfrac{x+a}{x-a}\right)^x=1=\mathrm{e}^{2a}$.

则对一切的 a,有

$\lim\limits_{x\to\infty}\left(\dfrac{x+a}{x-a}\right)^x=e^{2a}$.

[解法二]

$\lim\limits_{x\to\infty}\left(\dfrac{x+a}{x-a}\right)^x=\lim\limits_{x\to\infty}\left(1+\dfrac{2a}{x-a}\right)^x$, $\lim\limits_{x\to\infty}\dfrac{2a}{x-a}=0$, $\lim\limits_{x\to\infty}x=\infty$.

又 $\lim\limits_{x\to\infty}\left(\dfrac{2a}{x-a}\cdot x\right)^x=2a$，则 $\lim\limits_{x\to\infty}\left(\dfrac{x+a}{x-a}\right)^x=e^{2a}$.

[解法三]

$\lim\limits_{x\to\infty}\left(\dfrac{x+a}{x-a}\right)^x=\lim\limits_{x\to\infty}\left(1+\dfrac{2a}{x-a}\right)^x=e^{\lim\limits_{x\to\infty}x\ln\left(1+\frac{2a}{x-a}\right)}=e^{\lim\limits_{x\to\infty}x\cdot\frac{2a}{x-a}}=e^{2a}$.

【课堂练习】

练习 1 已知 $\lim\limits_{x\to+\infty}(3x-\sqrt{ax^2+bx+1})=2$，求 a,b 的值.

练习 2 求极限 $\lim\limits_{x\to\infty}x\left[\sin\ln\left(1+\dfrac{3}{x}\right)-\sin\ln\left(1+\dfrac{1}{x}\right)\right]$.

【课堂练习答案】

练习 1 本题有多种解法.

[解法一]

原式 $=\lim\limits_{x\to+\infty}(3x-\sqrt{ax^2+bx+1})=\lim\limits_{x\to+\infty}x\left(3-\sqrt{a+\dfrac{b}{x}+\dfrac{1}{x^2}}\right)=2$.

由于上式成立，所以必有 $\lim\limits_{x\to+\infty}\left(3-\sqrt{a+\dfrac{b}{x}+\dfrac{1}{x^2}}\right)=0$，即 $3-\sqrt{a}=0$, $a=9$.

将 $a=9$ 代入原式，并有理化得

$$\lim_{x\to+\infty}(3x-\sqrt{9x^2+bx+1})=\lim_{x\to+\infty}\frac{-bx-1}{3x+\sqrt{9x^2+bx+1}}=\lim_{x\to+\infty}\frac{-b-\dfrac{1}{x}}{3+\sqrt{9+\dfrac{b}{x}+\dfrac{1}{x^2}}}$$

$$=-\frac{b}{6}=2,$$

$b=-12$.

故 $a=9,b=-12$.

[解法二]

原式改写成

$$\lim_{x\to+\infty}(3x-\sqrt{ax^2+bx+1})=\lim_{x\to+\infty}x\left(3-\sqrt{a+\frac{b}{x}+\frac{1}{x^2}}\right)=2.$$

由于上式成立，所以必有 $\lim\limits_{x\to+\infty}\left(3-\sqrt{a+\frac{b}{x}+\frac{1}{x^2}}\right)=0$，即 $3-\sqrt{a}=0,a=9$.

$$\lim_{x\to+\infty}x\left(3-\sqrt{a+\frac{b}{x}+\frac{1}{x^2}}\right)=\lim_{x\to+\infty}\frac{3-\sqrt{a+\frac{b}{x}+\frac{1}{x^2}}}{\frac{1}{x}}\text{是}\frac{0}{0}\text{型}.$$

$$\lim_{x\to+\infty}\frac{3-\sqrt{a+\frac{b}{x}+\frac{1}{x^2}}}{\frac{1}{x}}=\lim_{x\to+\infty}\frac{\dfrac{-\frac{b}{x^2}-\frac{2}{x^3}}{-2\sqrt{a+\frac{b}{x}+\frac{1}{x^2}}}}{-\frac{1}{x^2}}=\lim_{x\to+\infty}\frac{b+\frac{2}{x}}{-2\sqrt{a+\frac{b}{x}+\frac{1}{x^2}}}$$

$$=\frac{b}{-2\sqrt{a}}=2,$$

$b=-4\sqrt{a}$，而 $a=9$，故有 $a=9,b=-12$.

[解法三]

$$\lim_{x\to+\infty}(3x-\sqrt{ax^2+bx+1})=\lim_{x\to+\infty}\frac{(9-a)x^2-bx-1}{3x+\sqrt{ax^2+bx+1}}$$

$$=\lim_{x\to+\infty}\frac{(9-a)x-b-\frac{1}{x}}{3+\sqrt{a+\frac{b}{x}+\frac{1}{x^2}}}=2.$$

因此有 $\begin{cases}9-a=0,\\ \dfrac{-b}{3+\sqrt{a}}=2,\end{cases}$ 故 $\begin{cases}a=9,\\ b=-12.\end{cases}$

练习 2　本题有多种解法，

[解法一]

$$\lim_{x\to\infty}x\sin\ln\left(1+\frac{3}{x}\right)=\lim_{x\to\infty}\frac{\sin\left[\ln\left(1+\frac{3}{x}\right)\right]}{\ln\left(1+\frac{3}{x}\right)}\cdot x\ln\left(1+\frac{3}{x}\right).$$

$\lim\limits_{x\to\infty}\ln\left(1+\dfrac{3}{x}\right)^{x}=\lim\limits_{x\to\infty}\ln\left(1+\dfrac{3}{x}\right)^{\frac{x}{3}\cdot 3}=\ln e^{3}=3.$

同理$\lim\limits_{x\to\infty}x\left[-\sin\ln\left(1+\dfrac{1}{x}\right)\right]=-1.$

$\Rightarrow\lim\limits_{x\to\infty}x\left[\sin\ln\left(1+\dfrac{3}{x}\right)-\sin\ln\left(1+\dfrac{1}{x}\right)\right]=3-1=2.$

[解法二]

$x\to\infty$时，$\dfrac{3}{x}\sim\ln\left(1+\dfrac{3}{x}\right)\sim\sin\ln\left(1+\dfrac{3}{x}\right).$

$\lim\limits_{x\to\infty}x\sin\ln\left(1+\dfrac{3}{x}\right)=\lim\limits_{x\to\infty}x\cdot\dfrac{3}{x}=3.$

$\lim\limits_{x\to\infty}x\left[-\sin\ln\left(1+\dfrac{1}{x}\right)\right]=\lim\limits_{x\to\infty}x\left[-\dfrac{1}{x}\right]=-1.$

$\Rightarrow\lim\limits_{x\to\infty}x\left[\sin\ln\left(1+\dfrac{3}{x}\right)-\sin\ln\left(1+\dfrac{1}{x}\right)\right]=3-1=2.$

[解法三]

$$\lim_{x\to\infty}x\left[\sin\ln\left(1+\frac{3}{x}\right)-\sin\ln\left(1+\frac{1}{x}\right)\right]=\lim_{x\to\infty}2x\cdot\cos\frac{\ln\left(1+\frac{4}{x}+\frac{3}{x^{2}}\right)}{2}\cdot\sin\frac{\ln\left(1+\frac{2}{x+1}\right)}{2}$$

$$\lim_{x\to\infty}\cos\frac{\ln\left(1+\frac{4}{x}+\frac{3}{x^{2}}\right)}{2}=\cos\frac{\lim\limits_{x\to\infty}\ln\left(1+\frac{4}{x}+\frac{3}{x^{2}}\right)}{\lim\limits_{x\to\infty}2}=\cos\frac{\lim\limits_{x\to\infty}\left(\frac{4}{x}+\frac{3}{x^{2}}\right)}{2}=\cos 0=1.$$

$x\to\infty$，$\dfrac{1}{x+1}=\dfrac{1}{2}\cdot\dfrac{2}{x+1}\sim\dfrac{1}{2}\ln\left(1+\dfrac{2}{x+1}\right)\sim\sin\dfrac{\ln\left(1+\frac{2}{x+1}\right)}{2}$

$$\Rightarrow\lim_{x\to\infty}2x\cdot\sin\frac{\ln\left(1+\frac{2}{x+1}\right)}{2}=\lim_{x\to\infty}2x\cdot\frac{1}{x+1}=\lim_{x\to\infty}\frac{2x}{x+1}=2.$$

$\Rightarrow\lim\limits_{x\to\infty}x\left[\sin\ln\left(1+\dfrac{3}{x}\right)-\sin\ln\left(1+\dfrac{1}{x}\right)\right]=2.$

【课后拓展】

练习 1　设存在极限 $I=\lim\limits_{x\to+\infty}[(x^5+7x^4+2)^m-x]=b$，求常数 m 与 b.

练习 2　用多种方法求解极限 $\lim\limits_{x\to+\infty}(3^x+9^x)^{\frac{1}{x}}$.

【课后拓展简答】

练习 1　$m\leqslant 0$ 时 $I=\infty$，极限不存在.

$m>0$ 时原极限为 $\infty-\infty$ 型极限，改写成

$$I=\lim_{x\to+\infty}x[x^{-1}(x^5+7x^4+2)^m-1]=\lim_{x\to+\infty}x\left[x^{-1}\cdot x^{5m}\left(1+\frac{7}{x}+\frac{2}{x^5}\right)^m-1\right]$$

$$=\lim_{x\to+\infty}x\left[x^{5m-1}\left(1+\frac{7}{x}+\frac{2}{x^5}\right)^m-1\right].$$

当 $5m-1>0$ 时 $I=+\infty$，$5m-1<0$ 时 $I=-\infty$，极限均不存在，于是必有 $5m-1=0$，即 $m=\frac{1}{5}$，此时

$$I=\lim_{x\to+\infty}x\cdot\left[\left(1+\frac{7}{x}+\frac{2}{x^5}\right)^{\frac{1}{5}}-1\right]\xlongequal{\text{等价无穷小因子替换}}\lim_{x\to+\infty}x\cdot\frac{1}{5}\left(\frac{7}{x}+\frac{2}{x^5}\right)=\frac{7}{5}.$$

因此 $m=\frac{1}{5}$，$b=\frac{7}{5}$.

练习 2　求极限的题目变换灵活，方法多样，本题是幂指型函数，可采用多种变换方式.

[解法一]

点 $(3^x+9^x)^{\frac{1}{x}}=(3^x+3^{2x})^{\frac{1}{x}}=3\,(1+3^x)^{\frac{1}{x}}$.

$$\lim_{x\to+\infty}\frac{\ln(1+3^x)}{x}=\lim_{x\to+\infty}\frac{\frac{3^x\ln 3}{1+3^x}}{1}=\lim_{x\to+\infty}\frac{3^x\ln 3}{1+3^x}=\ln 3.$$

故 $\lim\limits_{x\to+\infty}(1+3^x)^{\frac{1}{x}}=\mathrm{e}^{\lim\limits_{x\to+\infty}\frac{\ln(1+3^x)}{x}}=\mathrm{e}^{\ln 3}=3$.

所以 $\lim\limits_{x\to+\infty}(3^x+9^x)^{\frac{1}{x}}=\lim\limits_{x\to+\infty}(3^x+3^{2x})^{\frac{1}{x}}=\lim\limits_{x\to+\infty}3\,(1+3^x)^{\frac{1}{x}}=9$.

[解法二]

$$\lim_{x\to+\infty}(3^x+9^x)^{\frac{1}{x}}=\lim_{x\to+\infty}e^{\frac{1}{x}\ln(3^x+9^c)}=e^{\lim\limits_{x\to+\infty}\frac{\ln(3^x+9^x)}{x}}.$$

$$\lim_{x\to+\infty}\frac{\ln(3^x+9^x)}{x}=\lim_{x\to+\infty}\frac{\ln 9^x\left(1+\left(\frac{1}{3}\right)^x\right)}{x}=\lim_{x\to+\infty}\frac{\ln 9^x}{x}=\ln 9.$$

所以 $\lim\limits_{x\to+\infty}(3^x+9^x)^{\frac{1}{x}}=\lim\limits_{x\to+\infty}e^{\frac{1}{x}\ln(3^x+9^c)}=e^{\lim\limits_{x\to+\infty}\frac{\ln(3^x+9^x)}{x}}=e^{\ln 9}=9.$

[解法三]

$$\lim_{x\to+\infty}(3^x+9^x)^{\frac{1}{x}}=\lim_{x\to+\infty}e^{\frac{1}{x}\ln(3^x+9^c)}=e^{\lim\limits_{x\to+\infty}\frac{\ln(3^x+9^x)}{x}},$$

$$\lim_{x\to+\infty}\frac{\ln(3^x+9^x)}{x}=\lim_{x\to+\infty}\frac{3^x\ln 3+9^x\ln 9}{3^x+9^x}=\lim_{x\to+\infty}\ln 3\,\frac{3^x+2\cdot 9^x}{3^x+9^x}$$

$$=\ln 3\lim_{x\to+\infty}\frac{2+\left(\frac{1}{3}\right)^x}{1+\left(\frac{1}{3}\right)^x}=2\ln 3=\ln 9,$$

所以 $\lim\limits_{x\to+\infty}(3^x+9^x)^{\frac{1}{x}}=\lim\limits_{x\to+\infty}e^{\frac{1}{x}\ln(3^x+9^c)}=e^{\lim\limits_{x\to+\infty}\frac{\ln(3^x+9^x)}{x}}=e^{\ln 9}=9.$

第五节　无穷小的比较

知识点

1. 无穷小比较的定义：设 $\lim\alpha=0$，$\lim\beta=0$，即 α，β 是无穷小，

(1) 如果 $\lim\frac{\beta}{\alpha}=0$，则称 β 是比 α 高阶的无穷小；

(2) 如果 $\lim\frac{\beta}{\alpha}=c\neq0$，则称 β 与 α 是同阶的无穷小；

(3) 如果 $\lim\frac{\beta}{\alpha}=1$，则称 β 与 α 是等价的无穷小；

(4) 如果 $\lim\frac{\beta}{\alpha^k}=c\neq0$，则称 β 是 α 的 k 阶无穷小.

2. 常见的等价无穷小：当 $x\to0$ 时，有如下的等价无穷小：

(1) $\sin x \sim x$,

(2) $\arcsin x \sim x$,

(3) $\tan x \sim x$,

(4) $\arctan x \sim x$,

(5) $1-\cos x \sim \frac{1}{2}x^2$,

(6) $e^x - 1 \sim x$,

(7) $a^x - 1 \sim x\ln a$,

(8) $\ln(1+x) \sim x$,

(9) $\log_a(1+x) \sim \frac{x}{\ln a}$,

(10) $(1+x)^\mu - 1 \sim \mu x$.

3. 等价无穷小的代换:

(1) 设 α 与 β 是等价的无穷小,则 $\lim f(x)\alpha = \lim f(x)\beta$;

(2) 设 α 与 β 是等价的无穷小,α_1 与 β_1 是等价的无穷小,则

$$\lim \frac{f(x)\alpha}{g(x)\alpha_1} = \frac{f(x)\beta}{g(x)\beta_1}.$$

【课前练习】

练习 1　同一极限过程中,任意两个无穷小都可以比较吗?

练习 2　设 $\lim\limits_{x\to 0}\frac{a\tan x + b(1-\cos x)}{c\ln(1-2x) + d(1-e^{-x^2})} = 2$,其中 $a^2 + c^2 \neq 0$,则必有(　　).

(A) $b=4d$　　(B) $b=-4d$　　(C) $a=4c$　　(D) $a=-4c$

练习 3　已知当 $x\to 0$ 时,$(1+ax^2)^{\frac{1}{3}} - 1$ 与 $\cos x - 1$ 是等价无穷小,求常数 a.

【课前练习答案】

练习 1

不一定,如当 $x\to\infty$ 时,$f(x) = \frac{\sin x}{x}$ 和 $g(x) = \frac{1}{x}$ 都是无穷小,但是极限 $\lim\limits_{x\to\infty}\frac{f(x)}{g(x)} = \lim\limits_{x\to\infty}\sin x$ 不存在且不为无穷大,所以当 $x\to\infty$ 时,$f(x) = \frac{\sin x}{x}$ 和 $g(x) = \frac{1}{x}$ 无法比较.

练习 2

$$\lim_{x\to 0}\frac{a\tan x+b(1-\cos x)}{c\ln(1-2x)+d(1-\mathrm{e}^{-x^2})}=\lim_{x\to 0}\frac{\dfrac{a\tan x}{x}+\dfrac{b(1-\cos x)}{x}}{\dfrac{c\ln(1-2x)}{x}+\dfrac{d(1-\mathrm{e}^{-x^2})}{x}},$$

又$\lim\limits_{x\to 0}\dfrac{\tan x}{x}=1$，$\lim\limits_{x\to 0}\dfrac{1-\cos x}{x}=\lim\limits_{x\to 0}\dfrac{\frac{1}{2}x^2}{x}=0$，$\lim\limits_{x\to 0}\dfrac{\ln(1-2x)}{x}=\lim\limits_{x\to 0}\dfrac{-2x}{x}=-2$，

$\lim\limits_{x\to 0}\dfrac{1-\mathrm{e}^{-x^2}}{x}=\lim\limits_{x\to 0}\dfrac{x^2}{x}=0$.

则$\lim\limits_{x\to 0}\dfrac{a\tan x+b(1-\cos x)}{c\ln(1-2x)+d(1-\mathrm{e}^{-x^2})}=\lim\limits_{x\to 0}\dfrac{a+0}{-2c+0}=\dfrac{a}{-2c}=2$.

从而 $a=-4c$. 故选(D).

练习 3

由于 $x\to 0$ 时，$(1+ax^2)^{\frac{1}{3}}-1\sim\dfrac{1}{3}ax^2$，$\cos x-1\sim-\dfrac{1}{2}x^2$.

则$\lim\limits_{x\to 0}\dfrac{(1+ax^2)^{\frac{1}{3}}-1}{\cos x-1}=\lim\limits_{x\to 0}\dfrac{\frac{1}{3}ax^2}{-\frac{1}{2}x^2}=-\dfrac{2}{3}a=1$，即 $a=-\dfrac{3}{2}$.

【课堂练习】

练习 1 选择题.

(1) 当 $x\to 0$ 时，$x-\sin x$ 是 x^2 的(　　).

(A) 低阶无穷小　　(B) 高阶无穷小

(C) 等价无穷小　　(D) 同阶但非等价无穷小

(2) 当 $x\to 0$ 时，$(1+ax^2)^{\frac{1}{3}}-1$ 与 $\cos x-1$ 是等价无穷小，则 a 的值为(　　).

(A) 1　　(B) $\dfrac{1}{2}$

(C) $\dfrac{3}{2}$　　(D) $-\dfrac{3}{2}$

(3) 当 $x\to 0$ 时，下列 4 个无穷小量中，(　　)是比其他 3 个更高阶的无穷小量.

(A) x^2　　(B) $1-\cos x$

(C) $\sqrt{1-x^2}-1$　　(D) $x-\tan x$

(4) 当 $x\to 0$ 时，$\mathrm{e}^{\tan x}-\mathrm{e}^x$ 与 x^n 是同阶无穷小，则 n 的值为(　　).

(A) 1　　(B) 2

(C) 3　　(D) 4

练习 2　求极限$\lim\limits_{x\to 0}\cot x\left(\dfrac{1}{\sin x}-\dfrac{1}{x}\right)$.

练习 3　求极限$\lim\limits_{x\to 0}\dfrac{\tan x-\sin x}{\sin^3 2x}$.

【课堂练习答案】

练习 1　(1) (B);(2) (D);(3) (D);(4) (C).

练习 2　利用等价无穷小,

$$原式=\lim_{x\to 0}\frac{1}{\tan x}\cdot\frac{x-\sin x}{x\sin x}=\lim_{x\to 0}\frac{1}{x}\cdot\frac{\frac{1}{6}x^3}{x^2}=\frac{1}{6}.$$

练习 3　利用等价无穷小,

$$原式=\lim_{x\to 0}\frac{\tan x(1-\cos x)}{(2x)^3}=\lim_{x\to 0}\frac{x\left(\frac{1}{2}x^2\right)}{(2x)^3}=\frac{1}{16}.$$

【课后拓展】

练习 1　已知当 $x\to 1$ 时,$(2x)^x-2$ 与 $a(x-1)+b(x-1)^2$ 是等价无穷小,求 a,b 的值.

【课后拓展简答】

练习 1

$$\lim_{x\to 1}\frac{(2x)^x-2}{a(x-1)+b(x-1)^2}=\lim_{x\to 1}\frac{e^{x(\ln 2+\ln x)}-2}{a(x-1)+b(x-1)^2}=2\lim_{x\to 1}\frac{e^{x(\ln 2+\ln x)-\ln 2}-1}{a(x-1)+b(x-1)^2},$$

$x(\ln 2+\ln x)-\ln 2\to 0(x\to 1)$,所以有

$$2\lim_{x\to 1}\frac{e^{x(\ln 2+\ln x)-\ln 2}-1}{a(x-1)+b(x-1)^2}=2\lim_{x\to 1}\frac{x(\ln 2+\ln x)-\ln 2}{a(x-1)+b(x-1)^2}$$

$$=2\lim_{x\to 1}\frac{(x-1)\ln 2+x\ln x}{(x-1)(a+bx-b)},$$

而$\lim\limits_{x\to 1}\frac{(x-1)\ln 2}{(x-1)(a+bx-b)}=\frac{\ln 2}{a}$，

$\lim\limits_{x\to 1}\frac{x\ln x}{(x-1)(a+bx-b)}=\lim\limits_{x\to 1}\frac{x(x-1)}{(x-1)(a+bx-b)}=\lim\limits_{x\to 1}\frac{x}{a+bx-b}=\frac{1}{a}$，

故$2\lim\limits_{x\to 1}\frac{(x-1)\ln 2+x\ln x}{(x-1)(a+bx-b)}=2\left[\frac{\ln 2}{a}+\frac{1}{a}\right]=2\left[\frac{1+\ln 2}{a}\right]=1$，

所以 $a=2(1+\ln 2)$，显然 b 为任意实常数.

第六节　函数的连续性与间断点

知识点

1. 连续的定义：

(1) 如果$\lim\limits_{x\to x_0}f(x)=f(x_0)$，则称函数 $f(x)$在 x_0 点连续.

(2) $f(x)$在 x_0 点连续需要满足三个条件：

① $f(x)$在 x_0 点有定义，

② 极限$\lim\limits_{x\to x_0}f(x)$存在，

③ $\lim\limits_{x\to x_0}f(x)=f(x_0)$.

2. 间断点的定义：如果 x_0 不是函数 $f(x)$的连续点，则称 x_0 为间断点.

3. 间断点的分类：

(1) 第一类间断点：左右极限都存在.

① 可去间断点：左右极限都存在且相等，但是不等于函数值；

② 跳跃间断点：左右极限都存在但是不相等.

(2) 第二类间断点：左右极限至少有一个不存在.

4. 连续函数的性质：

(1) 连续函数的和、差、积、商(分母不为 0)仍是连续函数；

(2) 连续函数的反函数仍是连续函数；

(3) 连续函数的复合函数也是连续函数；

（4）基本初等函数在其定义域内是连续的.

5. 闭区间上连续函数的性质：

（1）最值定理：在闭区间上连续的函数在区间上取得最大值和最小值；

（2）有界定理：在闭区间上连续的函数在区间上有界；

（3）介值性定理：在闭区间上连续的函数在区间上取得最大值和最小值中间的任何一个值.

【课前练习】

练习 1　设函数 $f(x)=\lim\limits_{n\to\infty}\dfrac{1+x}{1+x^{2n}}$，下列结论正确的是（　　）.

（A）不存在间断点　　（B）存在间断点 $x=1$

（C）存在间断点 $x=0$　　（D）存在间断点 $x=-1$

练习 2　设 $f(x)$ 和 $\varphi(x)$ 在 $(-\infty,+\infty)$ 内有定义，$f(x)$ 为连续函数，且 $f(x)\neq 0$，$\varphi(x)$ 有间断点，则（　　）.

（A）$\varphi[f(x)]$ 必有间断点　　（B）$[\varphi(x)]^2$ 必有间断点

（C）$f[\varphi(x)]$ 必有间断点　　（D）$\dfrac{\varphi(x)}{f(x)}$ 必有间断点

练习 3　求 $f(x)=\dfrac{x}{\tan x}$ 的间断点并判别其类型.

【课前练习答案】

练习 1　(B).

练习 2　(D).

练习 3　$\tan x$ 的定义点和零点分别为：$k\pi+\dfrac{\pi}{2}(k=0,\pm1,\cdots)$ 和 $k\pi(k=0,\pm1,\cdots)$

又因 $\lim\limits_{x\to0}\dfrac{x}{\tan x}=1$，

$$\lim_{x\to k\pi+\frac{\pi}{2}}\frac{x}{\tan x}=0(k=0,\pm1,\cdots),$$

$$\lim_{x\to k\pi}\frac{x}{\tan x}=\infty(k=0,\pm1,\cdots),$$

故 $x=0$ 及 $x=k\pi+\frac{\pi}{2}(k=0,\pm1,\cdots)$为第一类可去间断点；

而 $x=k\pi(k=0,\pm1,\cdots)$为第二类间断点.

【课堂练习】

练习 1 如果函数 $f(x)$在点 x_0 连续，问$|f(x)|$在点 x_0 是否连续？反之，如果$|f(x)|$在点 x_0 连续，问 $f(x)$在点 x_0 是否连续？

练习 2 求函数 $f(x)=\frac{2^{\frac{1}{x}}-1}{2^{\frac{1}{x}}+1}$的间断点并判断其类型.

练习 3 如果函数 $f(x)$在区间$[a,b]$上连续，且 $f(a)<a,f(b)>b$，证明：在区间(a,b)内至少存在一点 ξ，使得 $f(\xi)=\xi$.

【课堂练习答案】

练习 1 如果函数 $f(x)$在点 x_0 连续，则$\lim\limits_{x\to x_0}f(x)=f(x_0)$，所以

$$\lim_{x\to x_0}|f(x)|=|f(x_0)|,$$

即$|f(x)|$在点 x_0 连续.

反之未必，例如 $f(x)=\begin{cases}1, & x\geqslant0\\ -1, & x<0\end{cases}$在原点处是不连续的，但是$|f(x)|=1$ 在原点处显然是连续的.

练习 2 显然 $x=0$ 是函数的间断点，且

$$\lim_{x\to0^+}\frac{2^{\frac{1}{x}}-1}{2^{\frac{1}{x}}+1}=1,\lim_{x\to0^-}\frac{2^{\frac{1}{x}}-1}{2^{\frac{1}{x}}+1}=-1$$

显然 $x=0$ 是函数的跳跃间断点.

练习 3　证明：令 $g(x)=f(x)-x$，$g(x)$ 在区间 $[a,b]$ 上连续，且 $g(a)<0$，$g(b)>0$，由零点定理得，在区间 (a,b) 内至少存在一点 ξ，使得 $g(\xi)=0$，即：

$$f(\xi)=\xi.$$

【课后拓展】

练习 1　设 $f(x)=\lim\limits_{n\to\infty}\dfrac{x^{2n-1}+ax^2+bx}{x^{2n}+1}$ 处处连续，求 a,b 的值.

练习 2　如果函数 $f(x)$，$g(x)$ 在区间 $[a,b]$ 上连续，且 $f(a)<g(a)$，$f(b)>g(b)$，证明：在区间 (a,b) 内至少存在一点 ξ，使得 $f(\xi)=g(\xi)$.

【课后拓展简答】

练习 1　首先求出 $f(x)$. 注意到

$$\lim_{n\to\infty}x^{2n}=\begin{cases}\infty, & |x|>1,\\ 1, & |x|=1,\\ 0, & |x|<1,\end{cases}$$ 即应分段求出 $f(x)$.

当 $|x|>1$ 时，$f(x)=\lim\limits_{n\to\infty}\dfrac{x^{-1}+ax^{2-2n}+bx^{1-2n}}{x^{-2n}+1}=\dfrac{1}{x}$；

当 $|x|<1$ 时，$f(x)=\lim\limits_{n\to\infty}\dfrac{ax^2+bx}{1}=ax^2+bx$.

$$于是得\ f(x)=\begin{cases}\dfrac{1}{x}, & |x|>1,\\ \dfrac{1}{2}(a+b+1), & x=1,\\ \dfrac{1}{2}(a-b-1), & x=-1,\\ ax^2+bx, & |x|<1.\end{cases}$$

其次，由初等函数的连续性，当 $|x|>1$，$|x|<1$ 时 $f(x)$ 分别与初等函数相等，故连续.

最后，考察分段函数的连接点 $x=\pm1$ 处的连续性. 根据定义，分别计算

$\lim\limits_{x\to 1^+} f(x)=\lim\limits_{x\to 1^+}\dfrac{1}{x}=1$，　　$\lim\limits_{x\to 1^-} f(x)=\lim\limits_{x\to 1^-}(ax^2+bx)=a+b$；

$\lim\limits_{x\to -1^+} f(x)=\lim\limits_{x\to -1^+}(ax^2+bx)=a-b$，　$\lim\limits_{x\to -1^-} f(x)=\lim\limits_{x\to -1^-}\dfrac{1}{x}=-1$；

$f(x)$在 $x=1$ 连续$\Leftrightarrow f(1+0)=f(1-0)=f(1)\Leftrightarrow a+b=1=\dfrac{1}{2}(a+b+1)$

$\Leftrightarrow a+b=1$；

$f(x)$在 $x=-1$ 连续$\Leftrightarrow f(-1+0)=f(-1-0)=f(-1)\Leftrightarrow a-b=-1=\dfrac{1}{2}(a-b-1)$

$\Leftrightarrow a-b=-1$.

因此 $f(x)$在 $x=\pm 1$ 均连续$\Leftrightarrow\begin{cases}a+b=1\\ a-b=-1\end{cases}\Leftrightarrow a=0,b=1$.

故仅当 $a=0,b=1$ 时 $f(x)$处处连续.

练习 2　证明：令 $F(x)=f(x)-g(x)$，$F(x)$在区间$[a,b]$上连续，且 $F(a)<0$，$F(b)>0$，由零点定理得，在区间(a,b)内至少存在一点 ξ，使得 $F(\xi)=0$，

即：$f(\xi)=g(\xi)$.

第七节　导数的概念

知识点

1. 导数的定义：

(1) 如果极限$\lim\limits_{\Delta x\to 0}\dfrac{f(x_0+\Delta x)-f(x_0)}{\Delta x}$存在，则称该极限为 $f(x)$在 x_0 点的导数，记为 $f'(x_0)$；

(2) 等价定义：$f'(x_0)=\lim\limits_{x\to x_0}\dfrac{f(x)-f(x_0)}{x-x_0}$.

2. 导数的几何意义：$f'(x_0)$是曲线 $y=f(x)$在点$(x_0,f(x_0))$处切线的斜率.

3. 可导与连续的关系：

(1) 可导必连续；

(2) 连续不一定可导.

4. 基本初等函数的求导公式：

(1) $(C)'=0$ ；

(2) $(x^{\mu})'=\mu x^{\mu-1}$；

(3) $(\sin x)'=\cos x$；

(4) $(\cos x)'=-\sin x$；

(5) $(\tan x)'=\sec^2 x$；

(6) $(\cot x)'=-\csc^2 x$；

(7) $(\sec x)'=\sec x\tan x$；

(8) $(\csc x)'=-\cot x\csc x$；

(9) $(a^x)'=a^x\ln a$；

(10) $(\log_a x)'=\dfrac{1}{x\ln a}$；

(11) $(\arcsin x)'=\dfrac{1}{\sqrt{1-x^2}}$；

(12) $(\arccos x)'=-\dfrac{1}{\sqrt{1-x^2}}$；

(13) $(\arctan x)'=\dfrac{1}{1+x^2}$；

(14) $(\text{arccot}\, x)'=-\dfrac{1}{1+x^2}$.

【课前练习】

练习 1　下列各题中均假定 $f'(x_0)$存在，利用导数的定义表示下面的极限：

(1) $\lim\limits_{h\to 0}\dfrac{f(x_0-h)-f(x_0)}{h}$；

(2) $\lim\limits_{h\to 0}\dfrac{f(x_0+h)-f(x_0-h)}{h}$.

练习 2　设 $f(x)=(x-a)g(x)$，其中 $g(x)$在 $x=a$ 处连续，求 $f'(a)$.

练习 3 设 $f(x)=\begin{cases}\ln(1+x), & x>0,\\ 0, & x=0,\\ \dfrac{1}{x}\sin^2 x, & x<0,\end{cases}$ 求:$f'(0)$.

【课前练习答案】

练习 1 (1)$-f'(x_0)$,(2) $2f'(x_0)$.

练习 2 利用导数的定义

$$f'(a)=\lim_{x\to a}\frac{f(x)-f(a)}{x-a}=\lim_{x\to a}\frac{(x-a)g(x)-0}{x-a}=g(a).$$

练习 3 由于 $x=0$ 是该函数的分界点,由导数的定义,我们有

$$f'_+(0)=\lim_{x\to 0+}\frac{f(x)-f(0)}{x-0}=\lim_{x\to 0+}\frac{\ln(x+1)-0}{x-0}=1,$$

$$f'_-(0)=\lim_{x\to 0-}\frac{f(x)-f(0)}{x-0}=\lim_{x\to 0-}\frac{\sin^2 x}{x^2}=1,$$

因此 $f'(0)=1$.

【课堂练习】

练习 1 已知 $f'(x_0)$存在,求极限$\lim\limits_{\Delta x\to 0}\dfrac{f(x_0-2\Delta x)-f(x_0+3\Delta x)}{\Delta x}$.

练习 2 设 $f(x)$和 $g(x)$在$(-\infty,+\infty)$上有定义,且满足下列条件:

(1) $f(x+h)=f(x)g(h)+f(h)g(x)$,

(2) $f(x)$和 $g(x)$在 $x=0$ 处可导,且 $f(0)=g'(0)=0$,$g(0)=f'(0)=1$,

求 $f'(x)$.

练习 3　设 $f(x)=\begin{cases}\sin(x-1)+2, & x<1,\\ ax+b, & x\geqslant 1,\end{cases}$ 问 a,b 取何值时 $f(x)$ 在 $(-\infty,+\infty)$ 内可导.

【课堂练习答案】

练习 1

$$\lim_{\Delta x\to 0}\frac{f(x_0-2\Delta x)-f(x_0+3\Delta x)}{\Delta x}$$

$$=\lim_{\Delta x\to 0}\left[\frac{f(x_0-2\Delta x)-f(x_0)}{-2\Delta x}(-2)-\frac{f(x_0+3\Delta x)-f(x_0)}{3\Delta x}3\right]-2f'(x_0)-3f'(x_0)$$

$$=-5f'(x_0).$$

练习 2　由(2)知道

$$\lim_{x\to a}\frac{g(x)-g(a)}{x-a}=g'(0)=0,\qquad \lim_{x\to a}\frac{f(x)-f(0)}{x-0}=f'(0)=1,$$

丁是

$$f'(x)=\lim_{h\to a}\frac{f(x+h)-f(x)}{h}$$

$$=\lim_{h\to 0}\frac{f(x)g(h)+f(h)g(x)-f(x)}{h}$$

$$=\lim_{h\to 0}\frac{f(x)[g(h)-1]+f(h)g(x)}{h}$$

$$=\lim_{h\to 0}\frac{f(x)[g(h)-g(0)]}{h}+\lim_{h\to 0}\frac{g(x)[f(h)-f(0)]}{h}$$

$$=f(x)g'(0)+f'(0)g(x)=g(x).$$

练习 3　容易知道

$$\lim_{x\to 1^+}f(x)=\lim_{x\to 1^+}(ax+b)=a+b,$$

$$\lim_{x\to 1^-}f(x)=\lim_{x\to 1^-}\sin(x-1)+2=2,f(1)=a+b,$$

要使 $f(x)$ 在 $x=1$ 处连续,必须

$a+b=2.$

因为

$$f'_+(1)=\lim_{x\to 1^+}\frac{f(x)-f(1)}{x-1}=\lim_{x\to 1^+}\frac{(ax+b)-(a+b)}{x-1}=a,$$

$$f'_-(1)=\lim_{x\to 1^-}\frac{f(x)-f(1)}{x-1}=\lim_{x\to 1^-}\frac{\sin(x-1)+2-(a+b)}{x-1}=\lim_{x\to 1^-}\frac{\sin(x-1)}{x-1}=1,$$

要使 $f(x)$ 在 $x=1$ 处可导，则 $a=1$，

故 $a=1,b=1$.

【课后拓展】

练习 1 设 $\begin{cases}x=2t+|t|,\\ y=5t^2+4t|t|,\end{cases}$ 求当 $t=0$ 时的导数 $\frac{dy}{dx}$.

【课后拓展简答】

练习 1 用导数定义处理. 由于

$$\lim_{\Delta x\to 0}\frac{\Delta y}{\Delta x}=\lim_{\Delta t\to 0}\frac{5(\Delta t)^2+4\Delta t|\Delta t|}{2(\Delta t)+|\Delta t|}$$

$$=\lim_{\Delta t\to 0}\frac{(\Delta t)[5+4\mathrm{sgn}(\Delta t)]}{2+\mathrm{sgn}(\Delta t)}=0,$$

故 $\frac{dy}{dx}\Big|_{t=0}=0$.

第八节 函数的求导法则

知识点

1. 四则运算法则：

如果函数 f 和 g 可导，则它们的和、差、积、商也可导.

(1) $(f\pm g)'=f'\pm g'$；

(2) $(fg)'=f'g\pm fg'$；

(3) $\left(\frac{f}{g}\right)'=\frac{f'g-fg'}{g^2}$.

2. 反函数的求导法则：

设 $x=\varphi(y)$ 是函数 $y=f(x)$ 的反函数，则有 $\varphi'(y_0)=\frac{1}{f'(x_0)}$ $(y_0=f(x_0))$.

3. 复合函数的求导法则：

设 $y=f(u)$，$u=\varphi(x)$ 可导，则复合函数 $y=f(\varphi(x))$ 可导，且 $\frac{\mathrm{d}y}{\mathrm{d}x}=f'(u)\varphi'(x)$.

4. 隐函数求导法则：

由方程 $F(x,y)=0$ 所确定的函数 $y=f(x)$ 的导数 $\frac{\mathrm{d}y}{\mathrm{d}x}$ 的求法：方程 $F(x,y)=0$ 两端同时对 x 求导，此时将 y 看成 x 的函数，然后解出 $\frac{\mathrm{d}y}{\mathrm{d}x}$.

5. 由参数方程确定的函数的导数：

由方程 $\begin{cases}x=x(t)\\y=y(t)\end{cases}$ 所确定的函数 $y=f(x)$ 的导数 $\frac{\mathrm{d}y}{\mathrm{d}x}$ 的计算公式：$\frac{\mathrm{d}y}{\mathrm{d}x}=\frac{y'(t)}{x'(t)}$.

【课前练习】

练习 1　已知 $f(x)=2^x+x^3-5$，求 $f'(1)$.

练习 2　求下列函数的导数：

(1) $f(x)=(2+3x^2)(2-\frac{1}{x^3})$；

(2) $f(x)=x(\cos x)\ln x^2$；

(3) $f(x)=(3^x-\mathrm{e}^x)^2$；

(4) $f(x)=\frac{\cos 2x}{1+\cos^2 x}$.

练习 3　求函数 $y=x^x$ 的导数.

【课前练习答案】

练习 1　因为 $f'(x)=2^x\ln 2+3x^2$，则 $f'(1)=2^1\ln 2+3\times 1^2=3+2\ln 2$.

练习 2

(1) $f'(x)=12x+3x^{-2}+6x^{-4}$；

(2) $f'(x)=\cos x\ln x^2-x\sin x\ln x^2+2\cos x$；

(3) $f(x)=2(3^x-\mathrm{e}^x)(3^x\ln 3-\mathrm{e}^x)$；

(4) $f'(x)=\dfrac{-3\sin 2x}{(1+\cos^2 x)^2}$.

练习 3 方程两边取对数得

$$\ln y=x\ln x,$$

两边求导

$$\frac{y'}{y}=\ln x+x\frac{1}{x}=1+\ln x,$$

故有 $y'=y(1+\ln x)=x^x(1+\ln x)$.

【课堂练习】

练习 1 求函数 $y=\left(\dfrac{x}{1+x}\right)^x$ 的导数.

练习 2 设函数 $y=y(x)$ 由方程 $\ln(x^2+y)=x^3y+\sin x$ 确定，求 $\left.\dfrac{\mathrm{d}y}{\mathrm{d}x}\right|_{x=0}$.

练习 3 设 $y=\sqrt{\mathrm{e}^{\frac{1}{x}}\sqrt{x\sqrt{\sin x}}}$，求 y'.

【课堂练习答案】

练习 1 方程两边取对数得

$$\ln y=x\ln\left(\frac{x}{1+x}\right)=x[\ln x-\ln(1+x)],$$

两边求导

$$\frac{y'}{y}=[\ln x-\ln(1+x)]+x\left(\frac{1}{x}-\frac{1}{1+x}\right),$$

故有　$y'=y(\ln\frac{x}{1+x}+\frac{1}{1+x})=(\frac{x}{1+x})^x(\ln\frac{x}{1+x}+\frac{1}{1+x})$.

练习 2　把 $x=0$ 代入已知等式得 $y=1$.

对 $\ln(x^2+y)=x^3y+\sin x$ 两边求导得

$$\frac{2x+y'}{x^2+y}=3x^2y+x^3y'+\cos x,$$

把 $x=0,y=1$ 代入上式得

$$y'(0)=1,$$

故 $\left.\frac{\mathrm{d}y}{\mathrm{d}x}\right|_{x=0}=1$.

练习 3　两边取对数，

$$\ln y=\frac{1}{2x}+\frac{1}{4}\ln x+\frac{1}{8}\ln(\sin x),$$

两边求导得

$$\frac{y'}{y}=-\frac{1}{2x^2}+\frac{1}{4x}+\frac{\cos x}{8\sin x},$$

故　$y'=(-\frac{1}{2x^2}+\frac{1}{4x}+\frac{\cos x}{8\sin x})\sqrt{\mathrm{e}^{\frac{1}{x}}\sqrt{x\sqrt{\sin x}}}$.

【课后拓展】

练习 1　设 $f(x)=(1+\frac{1}{x})^x$，求 $f'(\frac{1}{2})$.

练习 2　设 $\begin{cases}x=a\cos^3t,\\y=a\sin^3t,\end{cases}$ 求 $\frac{\mathrm{d}y}{\mathrm{d}x}$.

【课后拓展简答】

练习 1　$f(\frac{1}{2})=(1+2)^{\frac{1}{2}}=\sqrt{3}$，两边取对数得

$$\ln f(x)=x[\ln(x+1)-\ln x],$$

两边求导得

$$\frac{f'(x)}{f(x)}=[\ln(x+1)-\ln x]+x(\frac{1}{x+1}-\frac{1}{x}),$$

故　$f'(\frac{1}{2})=f(\frac{1}{2})[\ln\frac{3}{2}-\ln\frac{1}{2}+\frac{1}{2}(\frac{2}{3}-2)]=\sqrt{3}(-\frac{2}{3}+\ln 3)$.

练习 2　$\frac{\mathrm{d}y}{\mathrm{d}x}=\frac{3a\sin^2 t\cos t}{-3a\cos^2 t\sin t}=-\tan t$.

第九节　高阶导数

知识点

1. 高阶导数的定义：

函数 $y=f(x)$在点 x_0 处的 n 阶导数定义为

$$f^{(n)}(x_0)=\lim_{x\to x_0}\frac{f^{(n-1)}(x)-f^{(n-1)}(x_0)}{x-x_0}.$$

2. 高阶导数的运算法则：

(1) $(ku)^{(n)}=ku^{(n)}$

(2) $(u\pm v)^{(n)}=u^{(n)}\pm v^{(n)}$

(3) $(uv)^{(n)}=\sum\limits_{k=0}^{n}C_n^k u^{(k)}v^{(n-k)}$

3. 常见函数的高阶导数

(1) $(x^\mu)^{(n)}=\mu(\mu-1)\cdots(\mu-n+1)x^{\mu-n}$；

(2) $(a^x)^{(n)}=a^x(\ln a)^n$；

(3) $(\sin x)^{(n)}=\sin(x+\frac{n\pi}{2})$；

(4) $(\cos x)^{(n)}=\cos(x+\frac{n\pi}{2})$.

【课前练习】

练习 1　设 $f(x)=\mathrm{e}^{2x^2-1}$，求 $f''(x)$.

练习 2　设$\begin{cases}x=1+t,{}^{2}\\ y=\cos t,\end{cases}$求$\dfrac{\mathrm{d}^2y}{\mathrm{d}x^2}$.

【课前练习答案】

练习 1　$f'(x)=4x\mathrm{e}^{2x^2-1}$，$f''(x)=4\mathrm{e}^{2x^2-1}(1+4x^2)$.

练习 2　$\dfrac{\mathrm{d}y}{\mathrm{d}x}=\dfrac{-\sin t}{2t}$，

$$\frac{\mathrm{d}^2y}{\mathrm{d}x^2}=\frac{\dfrac{\mathrm{d}}{\mathrm{d}t}\left(\dfrac{\mathrm{d}y}{\mathrm{d}x}\right)}{\dfrac{\mathrm{d}x}{\mathrm{d}t}}=\frac{-\dfrac{2t\cos t-2\sin t}{4t^2}}{2t}=\frac{\sin t-t\cos t}{4t^3}.$$

【课堂练习】

练习 1　设 $f(x)=\mathrm{e}^{-2x}\cos x$，求 $f''(x)$.

练习 2　求函数 $f(x)=\dfrac{1}{x^2-x+2}$的 n 阶导数.

【课堂练习答案】

练习 1　$f'(x)=-\mathrm{e}^{-2x}(2\cos x+\sin x)$；

$f''(x)=-\mathrm{e}^{-2x}(3\cos x+4\sin x)$.

练习 2　$f(x)=\dfrac{1}{3}\left(\dfrac{1}{x-1}-\dfrac{1}{x+2}\right)$，所以

$$f^{(n)}(x)=\frac{(-1)^n n!}{3}\left(\frac{1}{(x-1)^{n+1}}-\frac{1}{(x+2)^{n+1}}\right).$$

【课后拓展】

练习 1　求函数 $f(x)=x\ln x$ 的 n 阶导数.

练习 2 求函数 $f(x)=x^2\ln(1+x)$ 的 n 阶导数.

【课后拓展简答】

练习 1 $f'(x)=1+\ln x$，$f''(x)=x^{-1}$，所以

$$f^{(n)}(x)=(-1)^n(n-2)!\ x^{1-n}.$$

练习 2 因为 $[\ln(1+x)]^{(k)}=\dfrac{(-1)^{k-1}(k-1)!}{(1+x)^k}$，由莱布尼兹公式

$$f^{(n)}(x)=x^2\frac{(-1)^{n-1}(n-1)!}{(1+x)^n}+2nx\frac{(-1)^{n-2}(n-2)!}{(1+x)^{n-1}}+$$

$$n(n-1)\frac{(-1)^{n-3}(n-3)!}{(1+x)^{n-2}}.$$

第十节　函数的微分

知识点

1. 微分的定义：

(1) 函数 $y=f(x)$ 在点 x_0 处可微是指

$$\Delta y=f(x_0+\Delta x)-f(x_0)=A\Delta x+o(\Delta x),$$

其中 A 是与 x_0 有关但不依赖于 Δx 的常数，$A\Delta x$ 称为函数 $y=f(x)$ 在点 x_0 处相应于 Δx 的微分，记作 $\mathrm{d}y$.

(2) Δy 和 $\mathrm{d}y$ 的关系：$\Delta y=\mathrm{d}y+o(\Delta x)$.

2. 可微与可导的关系：函数 $y=f(x)$ 在点 x_0 处可微的充要条件是 $y=f(x)$ 在点 x_0 处可导，且 $\mathrm{d}y=f'(x_0)\mathrm{d}x$.

3. 微分在近似计算中的作用：如果函数 $y=f(x)$ 在点 x_0 处可导且 $f'(x_0)\neq 0$，则当 Δx 很小的时候，有以下近似公式：

$$f(x_0+\Delta x)-f(x_0)\approx f'(x_0)\Delta x,$$

或者

$$f(x_0+\Delta x)\approx f(x_0)+f'(x_0)\Delta x.$$

【课前练习】

练习 1　求下列函数的微分：

(1) $y=\sin 5x$；

(2) $y=\ln(1+5x)$.

练习 2　在括号里填入适当的函数：

(1) $\mathrm{d}(\quad\quad)=4x\mathrm{d}x$；

(2) $\mathrm{d}(\quad\quad)=\frac{x}{1+x^2}\mathrm{d}x$.

【课前练习答案】

练习 1

(1) 因为 $y'=5\cos 5x$，所以 $\mathrm{d}y=5\cos 5x\mathrm{d}x$；

(2) 因为 $y'=\frac{5}{1+5x}$，所以 $\mathrm{d}y=\frac{5}{1+5x}\mathrm{d}x$.

练习 2

(1) $2x^2+C$；

(2) $\frac{1}{2}\ln(1+x^2)+C$.

【课堂练习】

练习 1　求下列函数的微分：

(1) $y=x^3\mathrm{e}^{-2x}$；

(2) $y=x\arctan\sqrt{x}$.

练习 2 计算 ln(0.98)的近似值.

【课堂练习答案】

练习 1

(1) 因为 $y'=x^2e^{-2x}(3-2x)$，所以 $dy=x^2e^{-2x}(3-2x)dx$；

(2) 因为 $y'=\arctan\sqrt{x}+\frac{\sqrt{x}}{2(1+x)}$，所以 $dy=\left(\arctan\sqrt{x}+\frac{\sqrt{x}}{2(1+x)}\right)dx$.

练习 2

对函数 $f(x)=\ln x$，令 $x_0=1$，$\Delta x=-0.02$，由

$$f(x_0+\Delta x)\approx f(x_0)+f'(x_0)\Delta x$$

得

$$\ln(0.98)=f(1-0.02)\approx f(1)+f'(1)(-0.02)=-0.02.$$

【课后拓展】

练习 1 计算 cos 151°的近似值.

【课后拓展简答】

练习 1 对函数 $f(x)=\cos x$，令 $x_0=\frac{5\pi}{6}$，$\Delta x=\frac{\pi}{180}$，由

$$f(x_0+\Delta x)\approx f(x_0)+f'(x_0)\Delta x$$

得

$$\cos 151°=f\left(\frac{5\pi}{6}+\frac{\pi}{180}\right)\approx f\left(\frac{5\pi}{6}\right)+f'\left(\frac{5\pi}{6}\right)\frac{\pi}{180}=-\frac{\sqrt{3}}{2}-\frac{1}{2}\frac{\pi}{180}\approx-0.8747.$$

第十一节　微分中值定理

知识点

1. 罗尔中值定理：设函数 $f(x)$ 在闭区间 $[a,b]$ 上连续，在开区间 (a,b) 内可导，并且 $f(a)=f(b)$，则至少存在一点 $\xi\in(a,b)$，使得

$$f'(\xi)=0.$$

2. 拉格朗日中值定理：设函数 $f(x)$ 在闭区间 $[a,b]$ 上连续，在开区间 (a,b) 内可导，则至少存在一点 $\xi\in(a,b)$，使得

$$f(b)-f(a)=f'(\xi)(b-a).$$

3. 柯西中值定理：设函数 $f(x)$，$g(x)$ 在闭区间 $[a,b]$ 上连续，在开区间 (a,b) 内可导，并且在 (a,b) 内 $g'(x)\neq 0$，则至少存在一点 $\xi\in(a,b)$，使得

$$\frac{f'(\xi)}{g'(\xi)}=\frac{f(b)-f(a)}{g(b)-g(a)}.$$

【课前练习】

练习 1　验证罗尔定理对 $f(x)=\sin x$ 在 $\left[\frac{\pi}{6},\frac{5\pi}{6}\right]$ 上的正确性.

练习 2　证明：方程 $2^x-x-1=0$ 除了 $x=0$ 和 $x=1$ 之外，不存在其他实根.

【课前练习答案】

练习 1　函数 $f(x)=\sin x$，在 $\left[\frac{\pi}{6},\frac{5\pi}{6}\right]$ 上连续，在 $\left(\frac{\pi}{6},\frac{5\pi}{6}\right)$ 内可导，并且 $f\left(\frac{\pi}{6}\right)=f\left(\frac{5\pi}{6}\right)=-\ln 2$，即满足罗尔定理条件，另外 $f'(x)=\frac{1}{\sin x}\cos x=\cot x$，显然有 $\xi=$

$\frac{\pi}{2}\in\left(\frac{\pi}{6},\frac{5\pi}{6}\right)$,使得 $f'(\xi)=0$,故罗尔定理成立.

练习 2 证明:设 $f(x)=2^x-x-1=0$ 除 0 和 1 之外还有第三个零点 x_0. 由罗尔定理知,在以 0、1 与 x_0 三个零点为端点所构成的两个相邻开区间内至少存在一点 ξ_1 和 ξ_2,使 $f'(\xi_1)=f'(\xi_2)=0$,即方程 $f'(x)=0$ 至少有两个实根. 因 $f'(x)=2^x\ln 2-1$,而 $2^x\ln 2-1=0$ 仅有一个实根 $x=-\log_2(\ln 2)$,这与上述结论矛盾. 所以原假设不成立.

【课堂练习】

练习 1 证明:$\arcsin x+\arccos x=\pi/2, x\in[-1,1]$.

练习 2 设 $a_0,a_1,\cdots,a_n$ 为满足 $a_0+\frac{a_1}{2}+\frac{a_2}{3}+\cdots+\frac{a_n}{n+1}=0$ 的实数,证明方程 $a_0+a_1x+a_2x^2+\cdots+a_nx^n=0$ 在 $(0,1)$ 内至少有一个实根.

练习 3 设 $f(x)$ 在 $[a,b]$ 上连续,在 (a,b) 内可导,证明在 (a,b) 内至少存在一点 ξ,使 $\frac{bf(b)-af(a)}{b-a}=f(\xi)+\xi f'(\xi)$.

【课堂练习答案】

练习 1 证明:令 $f(x)=\arcsin x+\arccos x$,则

$$f'(x)=\frac{1}{\sqrt{1-x^2}}+\left(-\frac{1}{\sqrt{1-x^2}}\right)=0,$$

得

$$f(x)\equiv C,$$

又 $f(0)=\arcsin 0+\arccos 0=\pi/2$,即 $C=\pi/2$.

故 $\arcsin x+\arccos x=\pi/2, x\in[-1,1]$.

练习 2　证明：设 $f(x)=a_0x+\frac{a_1}{2}x^2+\frac{a_2}{3}x^3+\cdots+\frac{a_n}{n+1}x^{n+1}$，则 $f(x)$ 在 $[0,1]$ 上连续，在 $(0,1)$ 内连续，且 $f(0)=0$，$f(1)=a_0+\frac{a_1}{2}+\frac{a_2}{3}+\cdots+\frac{a_n}{n+1}=0$，由罗尔定理，至少有一个 $\xi\in(0,1)$ 使

$$f'(\xi)=a_0+a_1\xi+a_2\xi^2+\cdots+a_n\xi^n=0.$$

即 $a_0+a_1x+a_2x^2+\cdots+a_nx^n=0$ 在内 $(0,1)$ 至少有一个实根.

练习 3　证明：令 $F(x)=xf(x)$，则 $F(x)$ 在 $[a,b]$ 上连续，在 (a,b) 内可导，

由拉格朗日中值定理，存在 $\xi\in(a,b)$ 使 $\frac{F(b)-F(a)}{b-a}=F'(\xi)$，即 $\frac{bf(b)-af(a)}{b-a}=f(\xi)+\xi f'(\xi)$.

【课后拓展】

练习 1　设 $f(x)$ 在 $[0,1]$ 上连续，在 $(0,1)$ 内可导，且 $f(0)=0$. 求证：存在一点 $c\in(0,1)$，使 $cf'(c)+2f(c)=f'(c)$.

练习 2　设 $f(x)$ 在 $[a,b]$ 上连续，在 (a,b) 内可导 $(a>0)$，证明：在 (a,b) 内至少存在一点 ξ，使 $2\xi(f(b)-f(a))=(b^2-a^2)f'(\xi)$.

【课后拓展简答】

练习 1　证明：构造函数 $F(x)=(x-1)^2f(x)$，易验证 $F(x)$ 在 $[0,1]$ 上满足罗尔定理条件，从而在 $(0,1)$ 内至少存在一点 c，使 $F'(c)=0$，即 $cf'(c)+2f(c)=f'(c)$.

练习 2　证明：令 $F(x)=x^2$，则 $f(x)$、$F(x)$ 在 $[a,b]$ 上连续，在 (a,b) 内可导，且 $F'(x)=2x\neq 0$，由柯西定理，有 $\xi\in(a,b)$ 使 $\frac{f(b)-f(a)}{F(b)-F(a)}=\frac{f'(\xi)}{F'(\xi)}$，即 $2\xi(f(b)-f(a))=(b^2-a^2)f'(\xi)$.

第十二节　洛必达法则

知识点

1. 定理：

若① $\lim f(x)=\lim F(x)=0$，

② $f(x),F(x)$可导且 $F'(x)\neq 0$，

③ $\lim \dfrac{f(x)}{F(x)}$存在或为∞，

则 $\lim \dfrac{f(x)}{F(x)}=\lim \dfrac{f'(x)}{F'(x)}$.

2. 定理：

若① $\lim f(x)=\infty,\lim F(x)=\infty$，

② $f(x),F(x)$可导且 $F'(x)\neq 0$，

③ $\lim \dfrac{f(x)}{F(x)}$存在或为∞，

则 $\lim \dfrac{f(x)}{F(x)}=\lim \dfrac{f'(x)}{F'(x)}$.

【课前练习】

练习 1　$\lim\limits_{x\to 0}\dfrac{e^x-e^{-x}-2x}{x-\sin x}$.

练习 2　$\lim\limits_{x\to +\infty}\dfrac{\ln x}{x^n}(n>0)$.

【课前练习答案】

练习 1　原式$=\lim\limits_{x\to 0}\dfrac{e^x+e^{-x}-2}{1-\cos x}=\lim\limits_{x\to 0}\dfrac{e^x-e^{-x}}{\sin x}=\lim\limits_{x\to 0}\dfrac{e^x+e^{-x}}{\cos x}=2.$

练习 2　原式$=\lim\limits_{x\to +\infty}\dfrac{\ln x}{x^n}=\lim\limits_{x\to +\infty}\dfrac{\frac{1}{x}}{nx^{n-1}}=\lim\limits_{x\to +\infty}\dfrac{1}{nx^n}=0.$

【课堂练习】

练习 1　求极限$\lim\limits_{x\to\infty}\dfrac{\ln\left(1+\frac{1}{x}\right)}{\operatorname{arccot} x}$.

练习 2　求极限$\lim\limits_{x\to 0^+}x\ln x$.

【课堂练习答案】

练习 1　原式$=\lim\limits_{x\to\infty}\dfrac{\frac{1}{x}}{\operatorname{arccot} x}=\lim\limits_{x\to\infty}\dfrac{-\frac{1}{x^2}}{-\frac{1}{1+x^2}}=\lim\limits_{x\to\infty}\dfrac{1+x^2}{x^2}=1.$

练习 2　原式$=\lim\limits_{x\to 0^+}\dfrac{\ln x}{\frac{1}{x}}=\lim\limits_{x\to 0^+}\dfrac{\frac{1}{x}}{-\frac{1}{x^2}}=-\lim\limits_{x\to 0^+}x=0.$

【课后拓展】

练习 1　求极限$\lim\limits_{x\to 1}\left(\dfrac{1}{\ln x}-\dfrac{1}{x-1}\right)$.

练习 2 求极限 $\lim\limits_{x\to+\infty}\dfrac{x-\sin x}{x+\sin x}$.

【课后拓展简答】

练习 1

原式 $=\lim\limits_{x\to1}\left(\dfrac{1}{\ln x}-\dfrac{1}{x-1}\right)=\lim\limits_{x\to1}\dfrac{x-1-\ln x}{(x-1)\ln x}=\lim\limits_{x\to1}\dfrac{1-\dfrac{1}{x}}{\ln x+\dfrac{x-1}{x}}=\lim\limits_{x\to1}\dfrac{\dfrac{1}{x^2}}{\dfrac{1}{x}+\dfrac{1}{x^2}}=\dfrac{1}{2}$.

练习 2 原式 $=\lim\limits_{x\to+\infty}\dfrac{1-\dfrac{1}{x}\sin x}{1+\dfrac{1}{x}\sin x}=1\left(\dfrac{1}{x}\to0,|\sin x|\leqslant1\Rightarrow\dfrac{1}{x}\sin x\to0\right)$.

第十三节 泰勒公式

知识点

1. 定理：若 $f(x)$ 在 x_0 的某邻域内有 $n+1$ 阶导数，则在该邻域内

$$f(x)=f(x_0)+f'(x_0)(x-x_0)+\frac{f''(x_0)}{2!}(x-x_0)^2+\cdots+\frac{f^{(n)}(x_0)}{n!}(x-x_0)^n+\frac{f^{(n+1)}(\xi)}{(n+1)!}(x-x_0)^{n+1}=\sum_{k=0}^{n}\frac{f^{(k)}(x_0)}{k!}(x-x_0)^k+R_n(x)$$

$R_n(x)$ 称为余项，ξ 介于 x_0 与 x 之间.

2. 若 $x_0=0$，则 $f(x)=f(0)+f'(0)x+\dfrac{f''(0)}{2!}x^2+\cdots+\dfrac{f^{(n)}(0)}{n!}x^n+R_n(x)$

此式称为 n 阶麦克劳林公式.

【课前练习】

练习 1　求 $f(x)=e^x$ 的麦克劳林公式.

【课前练习答案】

练习 1　$f^{(k)}(0)=1, \dfrac{f^{(k)}(0)}{k!}=\dfrac{1}{k!}$,

故 $e^x=\sum_{k=0}^{n}\dfrac{x^k}{k!}+R_n(x)=1+x+\dfrac{x^2}{2!}+\cdots+\dfrac{x^n}{n!}+o(x^n)$.

【课堂练习】

练习 1　求 $f(x)=\ln(1+x)$ 的麦克劳林公式.

练习 2　用 Taylor 公式求极限 $\lim\limits_{x\to 0}\left(\dfrac{1}{x}-\dfrac{1}{\sin x}\right)$.

【课堂练习答案】

练习 1

$$f^{(k)}(x)=(-1)^{k-1}\frac{(k-1)!}{(1+x)^k}, f^{(k)}(0)=(-1)^k(k-1)!, \frac{f^{(k)}(0)}{k!}=\frac{(-1)^{k-1}}{k},$$

故

$$\ln(1+x)=\sum_{k=1}^{n}\frac{(-1)^{k-1}}{k}x^k+R_n(x)=x-\frac{x^2}{2}+\frac{x^3}{3}-\cdots+(-1)^{k-1}\frac{x^n}{n}+o(x^n).$$

练习 2

$$\text{原式}=\lim_{x\to 0}\frac{\sin x-x}{x\sin x}=\lim_{x\to 0}\frac{\left(x-\frac{x^3}{3!}+o(x^3)\right)-x}{x^2}=\lim_{x\to 0}\left(-\frac{x}{6}+\frac{o(x^3)}{x^2}\right)=0.$$

【课后拓展】

练习 1 用 Taylor 公式求极限$\lim\limits_{x\to 0}\dfrac{\cos x-\mathrm{e}^{-x^2/2}}{x^4}$.

【课后拓展简答】

练习 1

$$
\begin{aligned}
\text{原式}&=\lim_{x\to 0}\frac{\left(1-\dfrac{x^2}{2!}+\dfrac{x^4}{4!}+o(x^4)\right)-\left[1+\left(-\dfrac{x^2}{2!}\right)+\dfrac{\left(-\dfrac{x^2}{2!}\right)^2}{2!}+o(x^4)\right]}{x^4}\\
&=\lim_{x\to 0}\frac{\dfrac{x^4}{24}-\dfrac{x^4}{8}+o(x^4)}{x^4}\\
&=\lim_{x\to 0}\left(\frac{-1}{12}+\frac{o(x^4)}{x^4}\right)=-\frac{1}{12}.
\end{aligned}
$$

第十四节　不定积分的概念与性质

知识点

1. 原函数的定义：在区间 I 上，$F'(x)=f(x)$，则称 $F(x)$ 为 $f(x)$ 在 I 上的一个原函数.

2. 原函数的存在定理：如果在区间 I 上连续的函数一定有原函数.

3. 原函数的性质：原函数（若存在）不是唯一的，并且一个函数的任何两个原函数只差一个任意常数.

4. 不定积分的概念：设 $F(x)$ 是 $f(x)$ 在区间 I 上的一个原函数，则 $f(x)$ 在 I 上全体原函数 $F(x)+C$ 称为 $f(x)$ 在 I 上的不定积分，记作

$$\int f(x)\mathrm{d}x = F(x) + C.$$

5．不定积分的性质：

(1) $\dfrac{\mathrm{d}}{\mathrm{d}x}\int f(x)\mathrm{d}x = f(x)$；

(2) $\int F'(x)\mathrm{d}x = F(x) + C$；

(3) $\int (f(x) \pm g(x))\mathrm{d}x = \int f(x)\mathrm{d}x \pm \int g(x)\mathrm{d}x$；

(4) $\int kf(x)\mathrm{d}x = k\int f(x)\mathrm{d}x$.

6．基本积分公式：

(1) $\int k\mathrm{d}x = kx + C$；

(2) $\int x^{\mu}\mathrm{d}x = \dfrac{1}{\mu+1}x^{\mu+1} + C, (\mu \neq -1)$；

(3) $\int \dfrac{\mathrm{d}x}{x} = \ln|x| + C$；

(4) $\int \cos x\mathrm{d}x = \sin x + C$；

(5) $\int \sin x\mathrm{d}x = -\cos x + C$；

(6) $\int \sec^2 x\mathrm{d}x = \tan x + C$；

(7) $\int \csc^2 x\mathrm{d}x = -\cot x + C$；

(8) $\int \sec x\tan x\mathrm{d}x = \sec x + C$；

(9) $\int \csc x\cot x\mathrm{d}x = -\csc x + C$；

(10) $\int a^x\mathrm{d}x = \dfrac{a^x}{\ln a} + C$；

(11) $\int \mathrm{e}^x\mathrm{d}x = \mathrm{e}^x + C$；

(12) $\int \dfrac{1}{1+x^2}\mathrm{d}x = \arctan x + C$；

(13) $\int \dfrac{1}{\sqrt{1-x^2}}\mathrm{d}x = \arcsin x + C$.

【课前练习】

练习 1 设 $f(x)$是连续函数，$F(x)$是 $f(x)$的原函数，则(　　).

(A) 当 $f(x)$是奇函数时，$F(x)$必是偶函数

(B) 当 $f(x)$是偶函数时，$F(x)$必是奇函数

(C) 当 $f(x)$是周期函数时，$F(x)$必是周期函数

(D) 当 $f(x)$是单调增函数时，$F(x)$必是单调增函数

练习 2 已知 $\cos x$ 的原函数是 $f(x)$，$F'(x)=f(x)$，求 $F(x)$.

【课前练习答案】

练习 1 (D).

练习 2 $f(x)=\int\cos x\mathrm{d}x=\sin x+C_1$，

$$F(x)=\int f(x)\mathrm{d}x=\int[\sin x+C_1]\mathrm{d}x=-\cos x+C_1x+C_2.$$

【课堂练习】

练习 1 求下列不定积分：

(1) $\int(4-3x)^2\mathrm{d}x$，

(2) $\int\dfrac{x^4}{1+x^2}\mathrm{d}x$.

练习 2 计算 $\int\cos^2\dfrac{x}{2}\mathrm{d}x$.

【课堂练习答案】

练习 1

(1) $\int(4-3x)^2\mathrm{d}x=\int(16-24x+9x^2)\mathrm{d}x=16x-12x^2+3x^3+C$;

(2) $\int\frac{x^4}{1+x^2}\mathrm{d}x=\int\left(x^2-1+\frac{1}{1+x^2}\right)\mathrm{d}x=\frac{1}{3}x^3-x+\arctan x+C.$

练习 2　$\int\cos^2\frac{x}{2}\mathrm{d}x=\frac{1}{2}\int(\cos x+1)\mathrm{d}x=\frac{1}{2}\sin x+\frac{1}{2}x+C.$

【课后拓展】

练习 1　给出 $y=\mathrm{e}^{|x|}$，求 y 的一个原函数.

【课后拓展简答】

练习 1　令 $F(x)=\begin{cases}\mathrm{e}^x, & x\geqslant 0,\\ 2-\mathrm{e}^{-x}, & x<0,\end{cases}$ 容易验证 $F(x)$ 的两个分支在 $x=0$ 处连续，且 $F'(x)=\mathrm{e}^{|x|}$，故 $F(x)$ 可以作为 $y=\mathrm{e}^{|x|}$ 的一个原函数.

第十五节　换元积分法

知识点

1. 第一类换元法：设 $F(u)$ 是 $f(u)$ 的原函数，则有如下的积分公式：

$$\int f(\varphi(x))\varphi'(x)\mathrm{d}x=F(\varphi(x))+C.$$

2. 第二类换元法：设 $x=\varphi(t)$ 是单调可导的原函数，则有如下的积分公式：

$$\int f(x)\mathrm{d}x=\left[\int f(\varphi(t))\varphi'(t)\mathrm{d}t\right]_{t=\varphi^{-1}(t)}.$$

【课前练习】

练习 1 求$\int \frac{x^3\mathrm{d}x}{\sqrt{1+x^2}}$.

练习 2 计算$\int \frac{1}{x^4\sqrt{1+x^2}}\mathrm{d}x$.

【课前练习答案】

练习 1
$$\int \frac{x^3\mathrm{d}x}{\sqrt{1+x^2}} = \int \frac{x^2}{2\sqrt{1+x^2}}\mathrm{d}(1+x^2) = \int \frac{1+x^2-1}{2\sqrt{1+x^2}}\mathrm{d}(1+x^2)$$
$$= \int \left(\sqrt{1+x^2} - \frac{1}{\sqrt{1+x^2}}\right)\mathrm{d}(1+x^2)$$
$$= (1+x^2)^{\frac{3}{2}} - (1+x^2)^{\frac{1}{2}} + C.$$

练习 2 令$x=\frac{1}{t}$,则

$$\int \frac{1}{x^4\sqrt{1+x^2}}\mathrm{d}x = -\int \frac{t^3\mathrm{d}t}{\sqrt{1+t^2}} = -\frac{1}{2}\int \frac{t^2\mathrm{d}t^2}{\sqrt{1+t^2}}$$
$$\underline{\underline{u=t^2}} -\frac{1}{2}\int \frac{u\mathrm{d}u}{\sqrt{1+u}} = -\frac{1}{2}\int \frac{u+1-1}{\sqrt{1+u}}\mathrm{d}u$$
$$= -\frac{1}{2}\int \sqrt{1+u}\,\mathrm{d}u + \frac{1}{2}\int \frac{1}{\sqrt{1+u}}\mathrm{d}u$$
$$= -\frac{1}{3}(1+u)^{\frac{3}{2}} + (1+u)^{\frac{1}{2}} + C$$
$$= -\frac{1}{3}(1+t^2)^{\frac{3}{2}} + (1+t^2)^{\frac{1}{2}} + C$$
$$= -\frac{\sqrt{(1+x^2)^3}}{3x^3} + \frac{\sqrt{1+x^2}}{x} + C.$$

【课堂练习】

练习 1　计算$\int \frac{1}{3+\sin^2 x}\mathrm{d}x$.

练习 2　计算$\int \frac{1}{\sqrt{(x-a)(b-x)}}\mathrm{d}x$.

【课堂练习答案】

练习 1

[解法一]

$$\int \frac{1}{3+\sin^2 x}\mathrm{d}x = \int \frac{\csc^2 x}{(3\csc^2 x+1)}\mathrm{d}x = -\int \frac{\mathrm{d}\cot x}{3\cot^2 x+4} = -\frac{1}{3}\int \frac{\mathrm{d}\cot x}{\cot^2 x+\left(\frac{2}{\sqrt{3}}\right)^2}$$

$$= -\frac{1}{3}\frac{\sqrt{3}}{2}\arctan\frac{\cot x}{\frac{2}{\sqrt{3}}}+C.$$

[解法二]

$$\int \frac{1}{3+\sin^2 x}\mathrm{d}x = \int \frac{\sec^2 x}{(3\sec^2 x+\tan^2 x)}\mathrm{d}x = \int \frac{\mathrm{d}\tan x}{4\tan^2 x+3} = \frac{1}{4}\int \frac{\mathrm{d}\tan x}{\tan^2 x+\left(\frac{\sqrt{3}}{2}\right)^2}$$

$$= \frac{1}{4}\frac{2}{\sqrt{3}}\arctan\frac{\tan x}{\frac{\sqrt{3}}{2}}+C.$$

练习 2

$$\int \frac{1}{\sqrt{(x-a)(b-x)}}\mathrm{d}x = \int \frac{2}{\sqrt{b-x}}\mathrm{d}\sqrt{x-a}$$

$$= 2\int \frac{\mathrm{d}\sqrt{x-a}}{\sqrt{(b-a)-(\sqrt{x-a})^2}} = 2\arcsin\sqrt{\frac{x-a}{b-x}}+C.$$

【课后拓展】

练习 1 计算$\int\sqrt{\dfrac{1-x}{1+x}}\cdot\dfrac{1}{x}\mathrm{d}x$.

【课后拓展简答】

练习 1

令$\sqrt{\dfrac{1-x}{1+x}}=t$,则 $x=\dfrac{1-t^2}{1+t^2}$,$\mathrm{d}x=\dfrac{-4t}{(1+t^2)^2}\mathrm{d}t$,从而

$$\begin{aligned}\int\sqrt{\frac{1-x}{1+x}}\cdot\frac{1}{x}\mathrm{d}x&=\int t\cdot\frac{1+t^2}{1-t^2}\cdot\frac{-4t}{(1+t^2)^2}\mathrm{d}t=-4\int\frac{t^2}{(1-t^2)(1+t^2)\mathrm{d}t}\\&=-2\int\left(\frac{1}{1-t^2}-\frac{1}{1+t^2}\right)\mathrm{d}t=\ln\left|\frac{t-1}{t+1}\right|+2\arctan t+C\\&=\ln\left|\frac{\sqrt{1-x}-\sqrt{1+x}}{\sqrt{1-x}+\sqrt{1+x}}\right|+2\arctan\sqrt{\frac{1-x}{1+x}}+C.\end{aligned}$$

第十六节　分部积分法

知识点

1. 分部积分公式:$\int uv'\mathrm{d}x=uv-\int u'v\mathrm{d}x$.

2. u 的选取规则:按照"对反幂三指"的顺序选取.

【课前练习】

练习 1 求$\int x\cos^2 x\mathrm{d}x$.

练习 2　求$\int x^2 e^{-x} dx$.

【课前练习答案】

练习 1

$$\begin{aligned}\int x\cos^2 x dx &= \frac{1}{2}\int x(1+\cos 2x)dx \\ &= \frac{1}{4}x^2 + \frac{1}{4}\int x d\sin 2x \\ &= \frac{1}{4}x^2 + \frac{1}{4}x\sin 2x - \frac{1}{4}\int \sin 2x dx \\ &= \frac{1}{4}x^2 + \frac{1}{4}x\sin 2x + \frac{1}{8}\cos 2x + C.\end{aligned}$$

练习 2

$$\begin{aligned}\int x^2 e^{-x} dx &= -\int x^2 de^{-x} = -x^2 e^{-x} + 2\int x e^{-x} dx \\ &= -x^2 e^{-x} - 2\left(x e^{-x} - \int e^{-x} dx\right) \\ &= -e^{-x}(x^2 + 2x + 2) + C.\end{aligned}$$

【课堂练习】

练习 1　计算不定积分$\int \frac{\arctan x}{x^2(1+x^2)} dx$.

练习 2　计算$\int \frac{2\arctan e^x}{e^{2x}} dx$.

【课堂练习答案】

练习 1

$$\text{原式}=\int \frac{\arctan x}{x^2}\mathrm{d}x-\int \frac{\arctan x}{1+x^2}\mathrm{d}x$$

$$=-\frac{\arctan x}{x}+\int \frac{\mathrm{d}x}{x(1+x^2)}-\frac{1}{2}(\arctan x)^2$$

$$=-\frac{\arctan x}{x}-\frac{1}{2}(\arctan x)^2+\frac{1}{2}\int \frac{\mathrm{d}(1+x^2)}{x^2(1+x^2)}$$

$$=-\frac{\arctan x}{x}-\frac{1}{2}(\arctan x)^2+\frac{1}{2}\ln \frac{x^2}{1+x^2}+C.$$

练习 2

$$\text{原式}=-\int \arctan \mathrm{e}^x \mathrm{d}\mathrm{e}^{-2x}=-[\mathrm{e}^{-2x}\arctan \mathrm{e}^x-\int \frac{\mathrm{d}\mathrm{e}^x}{\mathrm{e}^{2x}(1+\mathrm{e}^{2x})}]$$

$$=-[\mathrm{e}^{-2x}\arctan \mathrm{e}^x-\int \frac{\mathrm{d}\mathrm{e}^x}{\mathrm{e}^{2x}}+\int \frac{\mathrm{d}\mathrm{e}^x}{(1+\mathrm{e}^{2x})}$$

$$=-\mathrm{e}^{-2x}\arctan \mathrm{e}^x-\frac{1}{\mathrm{e}^x}-\arctan \mathrm{e}^x+C.$$

【课后拓展】

练习 1 计算$\int \frac{x\mathrm{e}^x}{(\mathrm{e}^x+1)^2}\mathrm{d}x$.

【课后拓展简答】

练习 1

[解法一] 令 $\mathrm{e}^x=t$,则

$$\int \frac{x\mathrm{e}^x}{(\mathrm{e}^x+1)^2}\mathrm{d}x=\int \frac{t\ln t}{(t+1)^2}\frac{1}{t}\mathrm{d}t=\int \frac{\ln t}{(t+1)^2}\mathrm{d}t$$

$$=\int \ln t\mathrm{d}(-\frac{1}{t+1})=-\frac{\ln t}{1+t}+\int \frac{1}{t+1}\cdot\frac{1}{t}\mathrm{d}t$$

$$=-\frac{\ln t}{t+1}+\int (\frac{1}{t}-\frac{1}{t+1})\mathrm{d}t=-\frac{\ln t}{t+1}+\ln t-\ln(t+1)+C$$

$$=\frac{x\mathrm{e}^x}{\mathrm{e}^x+1}-\ln(\mathrm{e}^x+1)+C.$$

[解法二]

$$\int \frac{xe^x}{(e^x+1)^2}dx = \int \frac{xd(e^x+1)}{(e^x+1)^2} = \int xd(-\frac{1}{e^x+1}) = -\frac{x}{e^x+1} + \int \frac{1}{e^x+1}dx$$

$$= -\frac{x}{e^x+1} + \int \frac{e^x}{e^x(e^x+1)}dx = -\frac{x}{e^x+1} + \int \frac{de^x}{e^x(e^x+1)}$$

$$= -\frac{x}{e^x+1} + \int (\frac{1}{e^x} - \frac{1}{e^x+1})de^x = -\frac{x}{e^x+1} + \ln e^x - \ln(e^x+1) + C.$$

$$= \frac{xe^x}{e^x+1} - \ln(e^x+1) + C$$

第十七节　有理函数的积分

知识点

1. 有理函数的积分：有理函数可以化为多项式和部分分式的和，以下是部分分式的积分公式，因此有理函数的积分总是可以积出来的.

(1) $\int \frac{A}{x-a}dx = A\ln|x-a| + C$；

(2) $\int \frac{A}{(x-a)^n}dx = \frac{A}{1-n} \cdot \frac{1}{(x-a)^{n-1}} + C, (n \neq 1)$；

(3) $$\int \frac{A}{x^2+px+q}dx = \int \frac{A}{\left(x+\frac{p}{2}\right)^2 + \left(q-\frac{p^2}{4}\right)}d\left(x+\frac{p}{2}\right)$$

$$= \frac{A}{\sqrt{q-\frac{p^2}{4}}}\arctan\frac{x+\frac{p}{2}}{\sqrt{q-\frac{p^2}{4}}} + C, (p^2 < 4q)；$$

(4) $$\int \frac{Mx+N}{x^2+px+q}dx = \frac{M}{2}\int \frac{1}{x^2+px+q}d(x^2+px+q) + \int \frac{N-\frac{Mp}{2}}{x^2+px+q}dx$$

$$= \frac{M}{2}\ln(x^2+px+q) + \frac{N-\frac{Mp}{2}}{\sqrt{q-\frac{p^2}{4}}}\arctan\frac{x+\frac{p}{2}}{\sqrt{q-\frac{p^2}{4}}} + C, (p^2 < 4q)；$$

(5) $\int \frac{Mx+N}{(x^2+px+q)^n}dx = -\frac{M}{2(n-1)(x^2+px+q)^{n-1}} + \left(N-\frac{Mp}{2}\right)\int \frac{1}{(t^2+a^2)^n}dt,$

其中 $t = x + \frac{p}{2}$,最后这个积分可以用递推公式求出.

2. 三角有理函数的积分:设 $R(\sin x, \cos x)$ 是 $\sin x$ 和 $\cos x$ 的有理函数,作万能代换 $\tan\frac{x}{2} = u$,则

$$\int R(\sin x, \cos x)dx = \int R\left(\frac{2u}{1+u^2}, \frac{1-u^2}{1+u^2}\right)\frac{2u}{1+u^2}du.$$

这样有理三角函数的积分就可以转化为有理函数的积分.

【课前练习】

练习 1 计算 $\int \frac{1}{a^2-x^2}dx$.

练习 2 计算 $\int \frac{1}{x(x-1)^2}dx$.

【课前练习答案】

练习 1

$$\int \frac{1}{a^2-x^2}dx = \frac{1}{2a}\left[\int \frac{1}{a+x}dx + \int \frac{1}{a-x}dx\right] = \frac{1}{2a}\ln\left|\frac{a+x}{a-x}\right| + C.$$

练习 2

$$\int \frac{1}{x(x-1)^2}dx = \int\left(\frac{1}{x} - \frac{1}{x-1} + \frac{1}{(x-1)^2}\right)dx$$

$$= \ln|x| - \ln|x-1| - \frac{1}{x-1} + C.$$

【课堂练习】

练习 1　计算$\int \frac{2x^5+6x^3+1}{x^4+3x^2}dx$.

练习 2　计算$\int \frac{1+\sin x}{1+\cos x}dx$.

【课堂练习答案】

练习 1

$$\begin{aligned}\int \frac{2x^5+6x^3+1}{x^4+3x^2}dx &= \int 2x dx+\int \frac{1}{x^2(3+x^2)}dx \\ &= x^2+\frac{1}{3}\int\left(\frac{1}{x^2}-\frac{1}{3+x^2}\right)dx \\ &= x^2-\frac{1}{3x}-\frac{1}{3\sqrt{3}}\arctan\frac{x}{\sqrt{3}}+C.\end{aligned}$$

练习 2

令 $t=\tan\frac{x}{2}$，则 $\sin x=\frac{2t}{1+t^2}$，$\cos x=\frac{1-t^2}{1+t^2}$，$dx=\frac{2dt}{1+t^2}$.

$$\begin{aligned}\int \frac{1+\sin x}{1+\cos x}dx &= \int \frac{1+\frac{2t}{1+t^2}}{1+\frac{1-t^2}{1+t^2}}\frac{2}{1+t^2}dt=\int \frac{t^2+2t+1}{1+t^2}dt \\ &= \int(1+\frac{2t}{1+t^2})dt=t+\ln(1+t^2)+C \\ &= \tan\frac{x}{2}+\ln(1+\tan^2\frac{x}{2})+C.\end{aligned}$$

【课后拓展】

练习 1 计算$\int \frac{x^{11}}{x^8+3x^4+2}\mathrm{d}x$.

【课后拓展简答】

练习 1 $\int \frac{x^{11}}{x^8+3x^4+2}\mathrm{d}x = \frac{1}{4}\int \frac{x^8\,\mathrm{d}x^4}{x^8+3x^4+2}$.

令 $x^4=t$,

$$\begin{aligned}\int \frac{x^{11}}{x^8+3x^4+2}\mathrm{d}x &= \frac{1}{4}\int \frac{x^8\,\mathrm{d}x^4}{x^8+3x^4+2} = \frac{1}{4}\int \frac{t^2\,\mathrm{d}t}{t^2+3t+2} \\ &= \frac{1}{4}\left(\int \mathrm{d}t - \int \frac{3t+2}{t^2+3t+2}\mathrm{d}t\right) = \frac{1}{4}t - \frac{1}{4}\int \left(\frac{4}{t+2} - \frac{1}{t+1}\right)\mathrm{d}t \\ &= \frac{1}{4}t - \ln(t+2) + \frac{1}{4}\ln(t+1) + C \\ &= \frac{1}{4}x^4 + \ln\frac{\sqrt[4]{x^4+1}}{x^4+2} + C.\end{aligned}$$

第十八节　定积分的概念与性质

知识点

1. 定积分的定义:函数 $y=f(x)$ 在$[a,b]$上的定积分是如下的极限

$$\int_a^b f(x)\mathrm{d}x = \lim_{\lambda\to 0}\sum_{i=1}^{n} f(\xi_i)\Delta x_i,$$

其中 $\lambda=\max\{\Delta x_1,\Delta x_2,\cdots,\Delta x_n\}$ 且极限值与区间$[a,b]$的分法及点 ξ_i 的选取无关.

若定积分存在,则称函数 $f(x)$ 可积.

2. 函数可积的充分条件:

(1) 在$[a,b]$上连续的函数是可积的;

(2) 在$[a,b]$上有界且只有有限个间断点的函数是可积的；

(3) 在$[a,b]$上单调的函数是可积的.

3. 定积分的性质：

$\int_a^b (f(x) \pm g(x))\mathrm{d}x = \int_a^b f(x)\mathrm{d}x \pm \int_a^b g(x)\mathrm{d}x$；

$\int_a^b (kf(x))\mathrm{d}x = k\int_a^b f(x)\mathrm{d}x$，$k$为常数；

$\int_a^b f(x)\mathrm{d}x = \int_a^c f(x)\mathrm{d}x + \int_c^b f(x)\mathrm{d}x$；

(4) 若在$[a,b]$上$f(x) \geqslant g(x)$，则

$$\int_a^b f(x)\mathrm{d}x \geqslant \int_a^b g(x)\mathrm{d}x;$$

(5) 设m和M分别为$f(x)$在$[a,b]$上的最小值和最大值，则有

$$m(b-a) \leqslant \int_a^b f(x)\mathrm{d}x \leqslant M(b-a);$$

(6) 设$f(x)$在$[a,b]$上连续，则至少存在一点$\xi \in [a,b]$，使得

$$\int_a^b f(x)\mathrm{d}x = f(\xi)(b-a).$$

【课前练习】

练习1　比较下列定积分值的大小

(1) $\int_3^4 \ln x\mathrm{d}x$与$\int_3^4 \ln^2 x\mathrm{d}x$；

(2) $\int_0^{\frac{\pi}{2}} \sin^{10} x\mathrm{d}x$与$\int_0^{\frac{\pi}{2}} \sin^2 x\mathrm{d}x$.

练习2　求极限$\lim\limits_{n\to\infty} \frac{1}{n}\sqrt[n]{(n+1)(n+2)\cdots(2n)}$.

【课前练习答案】

练习 1

(1) 由于 $x \in [3,4]$,所以 $\ln x > 1$,从而$\ln^2 x > \ln x$,故

$$\int_3^4 \ln x\mathrm{d}x < \int_3^4 \ln^2 x\mathrm{d}x$$

(2) 由于 $x \in [0,\frac{\pi}{2}]$,所以 $0 < \sin x < 1$,从而$\sin^2 x > \sin^{10} x$,故

$$\int_0^{\frac{\pi}{2}} \sin^{10} x\mathrm{d}x < \int_0^{\frac{\pi}{2}} \sin^2 x\mathrm{d}x$$

练习 2 令 $x_n = \frac{1}{n}\sqrt[n]{(n+1)(n+2)\cdots(2n)}$,则

$$\begin{aligned}\ln x_n &= \frac{1}{n}[\ln(n+1)+\ln(n+2)+\cdots+\ln(2n)]-\ln n\\ &= \frac{1}{n}[\ln(n+1)+\ln(n+2)+\cdots+\ln(2n)-n\ln n]\\ &= \frac{1}{n}[\ln(1+\frac{1}{n})+\ln(1+\frac{2}{n})+\cdots+\ln(1+\frac{n}{n})],\end{aligned}$$

因此 $$\lim_{n\to\infty}\ln x_n = \int_0^1 \ln(1+x)\mathrm{d}x = 2\ln 2-1,$$

所以 $$原式 = \mathrm{e}^{2\ln 2-1} = \frac{4}{\mathrm{e}}.$$

【课堂练习】

练习 1 证明 $\ln(1+n) < 1+\frac{1}{2}+\frac{1}{3}+\cdots+\frac{1}{n} < 1+\ln n$.

【课堂练习答案】

练习 1

令 $f(x) = \frac{1}{x}$,显然 $x > 0$ 时,$f(x)$ 单调减少,于是

$$\begin{aligned}\int_1^{n+1} f(x)\mathrm{d}x &= \int_1^2 f(x)\mathrm{d}x + \int_2^3 f(x)\mathrm{d}x + \cdots + \int_n^{n+1} f(x)\mathrm{d}x \\ &< \int_1^2 f(1)\mathrm{d}x + \int_2^3 f(2)\mathrm{d}x + \cdots + \int_n^{n+1} f(n)\mathrm{d}x \\ &= f(1) + f(2) + \cdots + f(n) \\ &= 1 + \frac{1}{2} + \frac{1}{3} + \cdots + \frac{1}{n}.\end{aligned}$$

即 $$\ln(1+n) < 1 + \frac{1}{2} + \frac{1}{3} + \cdots + \frac{1}{n}.$$

又 $$\begin{aligned}1 + \int_1^n f(x)\mathrm{d}x &= 1 + \int_1^2 f(x)\mathrm{d}x + \int_2^3 f(x)\mathrm{d}x + \cdots + \int_{n-1}^n f(x)\mathrm{d}x \\ &> 1 + \int_1^2 f(2)\mathrm{d}x + \int_2^3 f(3)\mathrm{d}x + \cdots + \int_{n-1}^n f(n)\mathrm{d}x \\ &= 1 + f(2) + f(3) + \cdots + f(n) \\ &= 1 + \frac{1}{2} + \frac{1}{3} + \cdots + \frac{1}{n}.\end{aligned}$$

即 $$1 + \ln n > 1 + \frac{1}{2} + \frac{1}{3} + \cdots + \frac{1}{n}.$$

故原不等式得证.

【课后拓展】

练习 1　设 $f(x)$ 在 $[a,b]$ 上连续，试证

$$\lim_{p\to+\infty}\left(\int_0^1 |f(x)|^p \mathrm{d}x\right)^{\frac{1}{p}} = \max_{0\leqslant x\leqslant 1}|f(x)|.$$

【课后拓展简答】

练习 1　证明：记 $\max\limits_{0\leqslant x\leqslant 1}|f(x)| = A$，由连续性可知，存在 $x_0 \in [a,b]$，使 $A = |f(x)|$.

当 $p > 0$ 时 $\left(\int_0^1 |f(x)|^p \mathrm{d}x\right)^{\frac{1}{p}} \geqslant \left(\int_0^1 A^p \mathrm{d}x\right)^{\frac{1}{p}} = A$.

对 $\forall \varepsilon > 0$，选取 $\delta > 0$，使得当 $0 < |x - x_0| < \delta$ 时，有

$$|f(x)| \geqslant A - \frac{\varepsilon}{2}.$$

设 $0 \leqslant \alpha \leqslant x_0 \leqslant \beta \leqslant 1$，且 $0 < |\alpha - \beta| < \delta$，则

$$\begin{aligned}\left(\int_0^1 |f(x)|^p \mathrm{d}x\right)^{\frac{1}{p}} &\geqslant \left(\int_\alpha^\beta |f(x)|^p \mathrm{d}x\right)^{\frac{1}{p}} \\ &\geqslant \left[\int_\alpha^\beta \left(A - \frac{\varepsilon}{2}\right)^p \mathrm{d}x\right]^{\frac{1}{p}} \\ &= \left(A - \frac{\varepsilon}{2}\right)(\beta - \alpha)^{\frac{1}{p}}.\end{aligned}$$

因为当 $p \to +\infty$ 时，$(\beta - \alpha)^{\frac{1}{p}} \to 1$，故当 p 充分大时，有

$$\left(\int_0^1 |f(x)|^p \mathrm{d}x\right)^{\frac{1}{p}} \geqslant \left(A - \frac{\varepsilon}{2}\right) - \frac{\varepsilon}{2} = A - \varepsilon,$$

因此，当 p 充分大时，有

$$A - \varepsilon \leqslant \left(\int_0^1 |f(x)|^p \mathrm{d}x\right)^{\frac{1}{p}} \leqslant A,$$

由 ε 的任意性知

$$\lim_{p \to +\infty} \left(\int_0^1 |f(x)|^p \mathrm{d}x\right)^{\frac{1}{p}} = A.$$

第十九节　微积分基本公式

知识点

1. 积分上限函数的定义：设函数 $y = f(x)$ 在 $[a,b]$ 上可积，则函数

$$\Phi(x) = \int_a^x f(t)\mathrm{d}t,$$

称为积分上限函数.

2. 积分上限函数的导数：

$$\frac{\mathrm{d}}{\mathrm{d}x}\int_a^{\varphi(x)} f(t)\mathrm{d}t = f(\varphi(x))\varphi'(x).$$

3. 微积分基本公式：设函数 $y = f(x)$ 在 $[a,b]$ 上连续，$F(x)$ 是 $f(x)$ 在 $[a,b]$ 上的一个原函数，则有

$$\int_a^b f(t)\mathrm{d}t = F(b) - F(a).$$

【课前练习】

练习 1　设 $f(x)=x^2-x\int_0^2 f(x)\mathrm{d}x+2\int_0^1 f(x)\mathrm{d}x$，求 $f(x)$.

练习 2　计算 $\int_{-2}^{3}|x^2+2|x|-3|\mathrm{d}x$.

【课前练习答案】

练习 1　原等式两端分别从 0 到 1 和从 0 到 2 积分得

$$\int_0^1 f(x)\mathrm{d}x=\int_0^1 x^2\mathrm{d}x-\int_0^1 x\mathrm{d}x\cdot\int_0^2 f(x)\mathrm{d}x+2\int_0^1 f(x)\mathrm{d}x$$

$$\int_0^2 f(x)\mathrm{d}x=\int_0^2 x^2\mathrm{d}x-\int_0^2 x\mathrm{d}x\cdot\int_0^2 f(x)\mathrm{d}x+4\int_0^1 f(x)\mathrm{d}x$$

即
$$\int_0^1 f(x)\mathrm{d}x=\frac{1}{3}-\frac{1}{2}\int_0^2 f(x)\mathrm{d}x+2\int_0^1 f(x)\mathrm{d}x$$

$$\int_0^2 f(x)\mathrm{d}x=\frac{8}{3}-2\int_0^2 f(x)\mathrm{d}x+4\int_0^1 f(x)\mathrm{d}x$$

从以上两式可解得

$$\int_0^1 f(x)\mathrm{d}x=\frac{1}{3},\int_0^2 f(x)\mathrm{d}x=\frac{3}{4}.$$

故
$$f(x)=x^2-\frac{4}{3}x+\frac{2}{3}.$$

练习 2　先令 $|x|=0$ 得分段点 $x=0$. 于是

原式 $=\int_{-2}^{0}|x^2-2x-3|\mathrm{d}x+\int_0^3|x^2+2x-3|\mathrm{d}x$，

再分别令 $x^2-2x-3=0$，$x^2+2x-3=0$，易得分段点 $x=-1$，$x=1$，于是得到：

原式$=\int_{-2}^{-1}-(x^2-2x-3)\mathrm{d}x+\int_{-1}^{0}(x^2-2x-3)\mathrm{d}x+$

$$\int_0^1 -(x^2+2x-3)\mathrm{d}x+\int_1^3 (x^2+2x-3)\mathrm{d}x$$

$$=\frac{49}{3}.$$

【课堂练习】

练习 1 计算下列积分：

(1) $\int_0^{\pi} \sin 3x\mathrm{d}x$；

(2) $\int_0^2 |1-x| \mathrm{d}x$；

(3) $\int_0^{\pi} \sqrt{1-\sin x}\mathrm{d}x$.

练习 2 计算极限 $\lim\limits_{x\to 0}\dfrac{\int_0^{\sin x}(\mathrm{e}^{t^2}-1)\mathrm{d}t}{x\ln(1-x^2)}$.

【课堂练习答案】

练习 1

(1) $\int_0^{\pi} \sin 3x\mathrm{d}x=\left[-\frac{1}{3}\cos 3x\right]_0^{\pi}=\frac{2}{3}$；

(2) $\int_0^2 |1-x| \mathrm{d}x=\int_0^1 (1-x)\mathrm{d}x+\int_1^2 (x-1)\mathrm{d}x=1$；

(3) $\int_0^{\pi} \sqrt{1-\sin x}\mathrm{d}x=\int_0^{\pi}\left|\sin\frac{x}{2}-\cos\frac{x}{2}\right|\mathrm{d}x$

$$=\int_0^{\frac{\pi}{2}}\left(\cos\frac{x}{2}-\sin\frac{x}{2}\right)\mathrm{d}x+\int_0^{\frac{\pi}{2}}\left(\sin\frac{x}{2}-\cos\frac{x}{2}\right)\mathrm{d}x$$

$$=4(\sqrt{2}-1).$$

练习 2

$$\lim_{x\to 0}\frac{\int_0^{\sin x}(\mathrm{e}^{t^2}-1)\mathrm{d}t}{x\ln(1-x^2)}=\lim_{x\to 0}\frac{\int_0^{\sin x}(\mathrm{e}^{t^2}-1)\mathrm{d}t}{-x^3}$$

$$= \lim_{x\to 0}\frac{(e^{\sin^2 x}-1)\cos x}{-3x^2} = \lim_{x\to 0}\frac{\sin^2 x\cos x}{-3x^2} = -\frac{1}{3}.$$

【课后拓展】

练习 1　计算 $\int_{\frac{1}{e}}^{e}|\ln x|\mathrm{d}x$.

【课后拓展简答】

练习 1

$$\int_0^2 \max\{x^2, x\}\mathrm{d}x = \int_0^1 x\mathrm{d}x + \int_1^2 x^2\mathrm{d}x$$
$$= \frac{1}{2} + \frac{7}{3} = \frac{17}{6}.$$

第二十节　定积分的换元积分与分部积分

知识点

1. 定积分的换元积分法：

(1) 设 $F(u)$ 是 $f(u)$ 的原函数，则有

$$\int_a^b f(\varphi(x))\varphi'(x)\mathrm{d}x = \int_a^b f(\varphi(x))\mathrm{d}\varphi(x) = F(\varphi(b)) - F(\varphi(a)).$$

(2) 设 $f(x)$ 在区间$[a,b]$上连续，$x=\varphi(t)$ 在$[\alpha,\beta]$上有连续导数且值域落在$[a,b]$中，其中 $a=\varphi(\alpha)$，$b=\varphi(\beta)$，则有

$$\int_a^b f(x)\mathrm{d}x = \int_\alpha^\beta f(\varphi(t))\varphi'(t)\mathrm{d}t.$$

2. 分部积分：

$$\int_a^b u(x)v'(x)\mathrm{d}x = [u(x)v(x)]_a^b - \int_a^b u'(x)v(x)\mathrm{d}x.$$

【课前练习】

练习 1 求下列定积分：

(1) $\int_{1}^{e^3} \frac{dx}{x\sqrt{1+\ln x}}$，

(2) $\int_{\sqrt{\frac{1}{2}}}^{1} \frac{\sqrt{1-x^2}\,dx}{x^2}$.

练习 2 计算定积分$\int_{1}^{e} \sin(\ln x)dx$.

【课前练习答案】

练习 1

(1) 原式 $= \int_{1}^{e^3} \frac{d(1+\ln x)}{\sqrt{1+\ln x}} = \left[2\sqrt{1+\ln x}\right]_{1}^{e^3} = 2$；

(2) 令 $x = \sin t$，则

原式 $= \int_{\frac{\pi}{4}}^{\frac{\pi}{2}} \frac{\cos^2 t dt}{\sin^2 t} = \int_{\frac{\pi}{4}}^{\frac{\pi}{2}} (\csc^2 t - 1)dt = \left[-\cot t - t\right]_{\frac{\pi}{4}}^{\frac{\pi}{2}} = 1 - \frac{\pi}{4}$.

练习 2

$$\begin{aligned}
\text{原式} &= \left[x\sin(\ln x)\right]_1^e - \int_1^e \cos(\ln x)dx \\
&= e\sin 1 - \left[x\cos(\ln x)\right]_1^e - \int_1^e \sin(\ln x)dx \\
&= e\sin 1 - e\cos 1 + 1 - \int_1^e \sin(\ln x)dx.
\end{aligned}$$

所以，$\int_1^e \sin(\ln x)dx = \frac{1}{2}(e\sin 1 - e\cos 1 + 1)$.

【课堂练习】

练习 1　计算$\int_{0}^{1}\arctan\sqrt{\frac{a-x}{a+x}}\mathrm{d}x$.

练习 2　计算$\int_{0}^{1}\frac{x\mathrm{e}^{x}}{(1+x)^{2}}\mathrm{d}x$.

【课堂练习答案】

练习 1　令　$t=\arctan\sqrt{\frac{a-x}{a+x}}$

则
$$x=a\cdot\frac{1-\tan^{2}t}{1+\tan^{2}t}=a\cos 2t,$$

故　原式$=\int_{\frac{\pi}{4}}^{0}t\mathrm{d}(a\cos 2t)=at\cos 2t\Big|_{\frac{\pi}{4}}^{0}+a\int_{0}^{\frac{\pi}{4}}\cos 2t\mathrm{d}t=\frac{a}{2}$.

练习 2

原式$=-\int_{0}^{1}x\mathrm{e}^{x}\mathrm{d}\,\frac{1}{1+x}=-\frac{x\mathrm{e}^{x}}{1+x}\Big|_{0}^{1}+\int_{0}^{1}\frac{\mathrm{e}^{x}+x\mathrm{e}^{x}}{1+x}\mathrm{d}x$

$=-\frac{\mathrm{e}}{2}+\int_{0}^{1}\mathrm{e}^{x}\mathrm{d}x=\frac{\mathrm{e}}{2}-1$.

【课后拓展】

练习 1　求下列积分：

(1) $I=\int_{0}^{\frac{\pi}{2}}\frac{\sin x}{\sin x+\cos x}\mathrm{d}x$;

(2) $I=\int_{0}^{\frac{\pi}{2}}\frac{\mathrm{d}x}{1+(\cot x)^{1\,999}}$;

(3) $I=\int_{0}^{2}\frac{\sqrt{4-x}}{\sqrt{4-x}+\sqrt{x+2}}\mathrm{d}x$.

【课后拓展简答】

练习 1 （1）

$$I=\int_{\frac{\pi}{2}}^{0}\frac{\sin\left(\frac{\pi}{2}-u\right)}{\sin\left(\frac{\pi}{2}-u\right)+\cos\left(\frac{\pi}{2}-u\right)}(-\mathrm{d}u)\ （令\ u=\frac{\pi}{2}-x）$$

$$=\int_{0}^{\frac{\pi}{2}}\frac{\cos u}{\cos u+\sin u}\mathrm{d}u=\int_{0}^{\frac{\pi}{2}}\frac{\cos x}{\cos x+\sin x}\mathrm{d}x,$$

故 $$2I=I=\int_{0}^{\frac{\pi}{2}}\frac{\sin x+\cos x}{\sin x+\cos x}\mathrm{d}x=\int_{0}^{\frac{\pi}{2}}\mathrm{d}x=\frac{\pi}{2},$$

所以 $$I=\frac{\pi}{4}.$$

（2）

$$I=\int_{\frac{\pi}{2}}^{0}\frac{1}{1+\left[\cot\left(\frac{\pi}{2}-u\right)\right]^{1999}}(-\mathrm{d}u)\ （令\ u=\frac{\pi}{2}-x）$$

$$=\int_{0}^{\frac{\pi}{2}}\frac{\mathrm{d}x}{1+(\tan u)^{1\,999}}=\int_{0}^{\frac{\pi}{2}}\frac{\mathrm{d}u}{1+\left(\frac{1}{\cot u}\right)^{1\,999}}$$

$$=\int_{0}^{\frac{\pi}{2}}\frac{(\cot u)^{1\,999}}{(\cot u)^{1\,999}+1}\mathrm{d}u=\int_{0}^{\frac{\pi}{2}}\frac{(\cot x)^{1\,999}}{1+(\cot x)^{1\,999}}\mathrm{d}x$$

故 $$2I=\int_{0}^{\frac{\pi}{2}}\frac{1+(\cot x)^{1\,999}}{1+(\cot x)^{1\,999}}\mathrm{d}x=\int_{0}^{\frac{\pi}{2}}\mathrm{d}x=\frac{\pi}{2},$$

所以 $$I=\frac{\pi}{4}.$$

（3）

$$I=\int_{2}^{0}\frac{\sqrt{u+2}}{\sqrt{u+2}+\sqrt{4-u}}(-\mathrm{d}u)\ （令\ 4-x=u+2\ 即\ u=2-x）$$

$$=\int_{0}^{2}\frac{\sqrt{x+2}}{\sqrt{4-x}+\sqrt{x+2}}\mathrm{d}x$$

故 $$2I=\int_{0}^{2}\frac{\sqrt{4-x}+\sqrt{x+2}}{\sqrt{4-x}+\sqrt{x+2}}\mathrm{d}x=\int_{0}^{2}\mathrm{d}x=2,$$

所以 $I=1$.

参考文献

[1] 陈启浩.高等数学精题·精讲·精练[M].北京:机械工业出版社,2011.
[2] 陈文灯.高等数学辅导[M].北京:北京理工大学出版社,2015.
[3] 胡建华等.线性代数学习指导[M].徐州:中国矿业大学出版社,2009.
[4] 胡晓晓,白宝钢.翻转课堂教学实践[J].中国校外教育,2014(3),85-85,2014.
[5] 吕睿星,孙王杰,马俊.高等数学线上线下混合式教学模式探索[J].吉林化工学院学报,38(8),49-53,2021.
[6] 马晨江.慕课背景下大学数学教学改革探讨[J].黑龙江科学,13(21),150-152,2022.
[7] 乔纳森·伯格曼,亚伦·萨姆斯.翻转课堂与混合式教学:互联网+时代,教育变革的最佳解决方案[M].北京:中国青年出版社,2018.
[8] 乔纳森·伯格曼,亚伦·萨姆斯.翻转课堂与慕课教学:一场正在到来的教育变革[M].北京:中国青年出版社,2015.
[9] 乔纳森·伯格曼,亚伦·萨姆斯.翻转课堂与深度学习:人工智能时代,以学生为中心的智慧教学[M].北京:中国青年出版社,2018.
[10] 乔纳森·伯格曼,亚伦·萨姆斯.翻转学习:如何更好地实践翻转课堂与慕课教学[M].北京:中国青年出版社,2015.
[11] 盛骤等.概率论与数理统计[M].5版.北京:高等教育出版社,2019.
[12] 史娜等.翻转课堂在《概率论与数理统计》课程的教学设计研究[J].兰州文理学院学报(自然科学版),29(06),94-98,2015.
[13] 舒畅,闵兰,万会芳.基于翻转课堂教学模式下的大学数学微课教学[J].西南师范大学学报(自然科学版),42(09),196-200,2017.
[14] 孙璐."互联网+"背景下大学数学趣动课堂实践与反思[J].黑龙江科学,13(7),46-48,2022.
[15] 同济大学数学科学学院.线性代数[M].7版.北京:高等教育出版社,2023.
[16] 同济大学数学系.高等数学:上册[M].7版.北京:高等教育出版社,2014.

[17] 同济大学数学系. 高等数学:下册[M]. 7 版. 北京:高等教育出版社,2014.
[18] 王鑫. 基于微课的翻转课堂在线性代数教学中的应用[J]. 高教学刊,2016(11),118-119,2016.
[19] 王鑫. 在高等数学教学中引入微课和翻转课堂的研究[J]. 高教学刊,2017(07),84-85,2017.
[20] 王志平. 高等数学辅导[M]. 大连:大连海事大学出版社,2011.
[21] 严兰兰,刘胜兰. 借助翻转课堂来提高大学数学教学质量[J]. 华东理工大学学报(社会科学版),35(01),89-92,2016.
[22] 张金磊,王颖,张宝辉. 翻转课堂教学模式研究[J]. 远程教育杂志,30(04),46-51,2012.
[23] 张金磊. 翻转课堂教学模式的关键因素探析[J]. 中国远程教育,2013(10),59-64,2013.
[24] 张天德. 高等数学辅导及习题精解:上册[M]. 沈阳:沈阳出版社,2015.
[25] 张天德. 高等数学辅导及习题精解:下册[M]. 沈阳:沈阳出版社,2015.
[26] 张兴永. 高等数学辅导[M]. 徐州:中国矿业大学出版社,2011.
[27] 赵兴龙. 翻转课堂中知识内化过程及教学模式设计[J]. 现代远程教育研究,2014(02),55-61,2014.